21世纪人工智能创新与应用丛书

自然语言处理 Python实践

范海峰 张传雷 王辉 编著

清华大学出版社

北京

内 容 简 介

本书共有 14 章。第 1～3 章分别为绪论、Python 语言概述及常用数据集；第 4 章介绍中英文语料库；第 5 章介绍在数据分析与可视化过程中常用的 3 个开源库；第 6、7 章分别介绍中英文分词与词性标注；第 8 章介绍特征工程；第 9、10 章分别介绍文本分类与文本聚类；第 11～13 章分别介绍机器翻译、文本信息提取和情感分析；第 14 章介绍多种自然语言处理工具箱的使用。

本书旨在帮助读者自学，并力求在知识体系上做到全面完整，所采用的例子既简洁又精练。本书提供了配套的教学大纲、教学课件、源代码和习题答案，并在 AI Studio 网站提供了实战操作支持。

本书适合作为高等院校人工智能及相关专业的本科生和研究生"自然语言处理"课程的教材，同时也可供自然语言处理爱好者作为参考用书。

版权所有，侵权必究。举报：010-62782989，beiqinquan@tup.tsinghua.edu.cn。

图书在版编目（CIP）数据

自然语言处理 Python 实践 / 范海峰，张传雷，王辉编著. -- 北京：清华大学出版社，2025.5.
（21 世纪人工智能创新与应用丛书）. -- ISBN 978-7-302-69220-1

Ⅰ．TP312.8；TP391

中国国家版本馆 CIP 数据核字第 2025TC6672 号

责任编辑：袁勤勇　杨　枫
封面设计：常雪影
责任校对：时翠兰
责任印制：丛怀宇

出版发行：清华大学出版社
　　　网　　址：https://www.tup.com.cn，https://www.wqxuetang.com
　　　地　　址：北京清华大学学研大厦 A 座　　　邮　　编：100084
　　　社 总 机：010-83470000　　　邮　　购：010-62786544
　　　投稿与读者服务：010-62776969，c-service@tup.tsinghua.edu.cn
　　　质量反馈：010-62772015，zhiliang@tup.tsinghua.edu.cn
　　　课件下载：https://www.tup.com.cn，010-83470236
印 装 者：三河市天利华印刷装订有限公司
经　　销：全国新华书店
开　　本：185mm×260mm　　　印　张：13.5　　　字　数：332 千字
版　　次：2025 年 6 月第 1 版　　　印　次：2025 年 6 月第 1 次印刷
定　　价：49.00 元

产品编号：110396-01

前 言
PREFACE

随着互联网的飞速发展，人类社会进入了大数据时代。在这个时代背景下，自然语言处理(NLP)作为一门交叉学科，其重要性日益凸显。它不仅是人工智能领域不可或缺的一部分，更是连接人与机器的桥梁。不论是智能对话系统还是社交媒体分析，NLP 都发挥着至关重要的作用。

本书旨在为读者提供一套系统的、实战导向的学习材料，帮助读者从零开始掌握自然语言处理的核心技术和方法。全书共分为 14 章，内容涵盖了基础知识和高级应用，具体内容如下。

- 第 1~3 章为入门部分，介绍 NLP 的基本概念、Python 编程环境的搭建以及常用数据集；
- 第 4 章深入探讨中英文语料库的构建与使用；
- 第 5 章聚焦于数据分析与可视化领域内的三大核心开源库；
- 第 6、7 章分别解析中英文文本的分词技术与词性标注方法；
- 第 8 章转向特征工程，讲述如何有效地表示文本数据；
- 第 9、10 章分别介绍文本分类与文本聚类这两种常见的文本挖掘技术；
- 第 11~13 章进一步探讨机器翻译、文本信息提取以及情感分析等前沿课题；
- 第 14 章带领读者探索多种 NLP 工具箱的实际应用。

本书的主要特色如下。

- 全面系统：内容覆盖广泛，从基础知识到进阶应用，力求构建完整的 NLP 知识体系；
- 实践性强：所有理论均辅以具体实例，让读者能够快速上手，实现理论与实践的结合；
- 资源丰富：提供配套的教学大纲、教学课件、源代码和习题答案，便于教学与自学；
- 平台支持：在 AI Studio 平台上提供了实战操作的支持，方便读者在线实践。

本书由天津科技大学人工智能学院具有丰富教学经验的一线教师编写。在本书的编写过程中，得到了学院领导及各位同事的大力支持，特别是得到了可婷、于文平、张中伟、刘尧猛等教师的无私帮助，在此表示衷心的感谢！书中所使用的部分素材来源于网络资源，在此对所有素材的原作者致以诚挚的谢意。

由于时间仓促，再加上编者水平有限，书中仍可能存在一些疏漏之处，恳请广大读者批评指正。

编 者

2025 年 2 月

目 录
CONTENTS

第1章 绪论 ·· 1
  1.1 发展历程 ··· 1
  1.2 处理流程 ··· 2
  1.3 文本数据的 NLP 处理流程 ··· 3
  1.4 代码实现 ··· 4
    1.4.1 数据清洗与标准化 ·· 4
    1.4.2 数据分割以及特征提取与表示 ··· 5
    1.4.3 词性标注 ··· 6
    1.4.4 关键词提取 ·· 7
    1.4.5 命名实体识别 ·· 8
  1.5 小结 ··· 9
  练习题 ·· 9

第2章 Python 语言概述 ·· 11
  2.1 初识 Python 语言 ··· 11
  2.2 数据类型 ·· 12
    2.2.1 数值型 ··· 13
    2.2.2 字符串 ··· 13
    2.2.3 列表 ·· 15
    2.2.4 元组 ·· 19
    2.2.5 布尔型 ··· 20
    2.2.6 集合 ·· 20
    2.2.7 字典 ·· 22
    2.2.8 变量 ·· 23
    2.2.9 基本的输入输出函数 ·· 24
  2.3 运算符 ··· 25
    2.3.1 算术运算符 ·· 25
    2.3.2 比较运算符 ·· 26
    2.3.3 逻辑运算符 ·· 27
    2.3.4 位运算符 ··· 28

2.3.5 运算符的优先级 ……………………………………………………… 28
2.3.6 复合赋值运算符 ……………………………………………………… 29
2.4 控制结构 …………………………………………………………………………… 29
2.4.1 选择结构 ……………………………………………………………… 29
2.4.2 循环结构 ……………………………………………………………… 30
2.4.3 break 语句和 continue 语句 ………………………………………… 31
2.4.4 应用举例 ……………………………………………………………… 32
2.5 函数 ………………………………………………………………………………… 33
2.5.1 函数的参数类型 ……………………………………………………… 34
2.5.2 参数解包 ……………………………………………………………… 36
2.5.3 lambda 函数 …………………………………………………………… 36
2.5.4 变量的作用域 ………………………………………………………… 36
2.6 类与面向对象 ……………………………………………………………………… 37
2.6.1 实例属性与类属性 …………………………………………………… 38
2.6.2 实例方法与类方法 …………………………………………………… 38
2.6.3 类的继承 ……………………………………………………………… 39
2.6.4 类的特殊方法 ………………………………………………………… 40
2.6.5 模块与包 ……………………………………………………………… 40
2.6.6 小结 …………………………………………………………………… 41

第 3 章 常用数据集 ……………………………………………………………………… 43

3.1 小数据集 …………………………………………………………………………… 43
3.1.1 糖尿病数据集 ………………………………………………………… 44
3.1.2 手写数字数据集 ……………………………………………………… 44
3.1.3 鸢尾花数据集 ………………………………………………………… 45
3.1.4 体能训练数据集 ……………………………………………………… 46
3.2 大数据集 …………………………………………………………………………… 47
3.2.1 Olivetti 人脸数据集 …………………………………………………… 48
3.2.2 20 个新闻组数据集 …………………………………………………… 49
3.2.3 LFW 数据集与 RCV1 数据集 ………………………………………… 50
3.2.4 加州住房价格数据集 ………………………………………………… 51
3.2.5 MNIST 手写数字数据集 ……………………………………………… 53
3.3 生成数据集 ………………………………………………………………………… 53
3.3.1 make_regression 与 make_blobs …………………………………… 54
3.3.2 make_classification …………………………………………………… 55
3.3.3 make_circles 与 make_moons 数据集 ……………………………… 56
3.3.4 瑞士卷 ………………………………………………………………… 57
3.4 小结 ………………………………………………………………………………… 58
练习题 …………………………………………………………………………………… 58

第 4 章 语料库 60

4.1 语料库概述 60
4.2 中文语料库 61
4.3 英文语料库 61
- 4.3.1 古腾堡语料库 61
- 4.3.2 网络文本语料库和即时消息聊天语料库 63
- 4.3.3 布朗语料库 63
- 4.3.4 路透社语料库 65
- 4.3.5 就职演讲语料库 65

4.4 文本语料库 66
- 4.4.1 文本语料库概述 66
- 4.4.2 文本语料库的结构 67

4.5 小结 69
练习题 69

第 5 章 数据分析与可视化 70

5.1 NumPy 70
- 5.1.1 创建数组 71
- 5.1.2 算术运算与线性代数 72
- 5.1.3 通用函数 74
- 5.1.4 索引、切片和迭代 75
- 5.1.5 形状变换 77
- 5.1.6 堆叠与分割 78
- 5.1.7 广播 78

5.2 Pandas 79
- 5.2.1 Series 79
- 5.2.2 DataFrame 81

5.3 Matplotlib 84
- 5.3.1 绘制线图 85
- 5.3.2 中文字体 87
- 5.3.3 输出文本 88
- 5.3.4 绘制子图 91
- 5.3.5 饼图、散点图和直方图 91

5.4 小结 93
练习题 93

第 6 章 中英文分词 96

6.1 英文分词 96

6.2 中文分词 · 97
6.2.1 基于词典的分词方法 · 97
6.2.2 基于统计模型的分词方法 · 100
6.3 中文分词工具 · 102
6.4 小结 · 104
练习题 · 104

第 7 章 词性标注 · 106
7.1 标注语料库 · 106
7.2 字典 · 108
7.3 词性标注器 · 110
7.3.1 默认标注器 · 110
7.3.2 正则表达式标注器 · 111
7.3.3 查找标注器 · 112
7.3.4 Unigram 标注器 · 113
7.3.5 N-gram 标注器 · 114
7.3.6 组合标注器 · 115
7.4 小结 · 116
练习题 · 116

第 8 章 特征工程 · 119
8.1 特征缩放 · 119
8.1.1 特征归一化 · 120
8.1.2 特征标准化 · 120
8.1.3 特征鲁棒化 · 121
8.1.4 特征规范化 · 122
8.2 特征编码 · 123
8.2.1 独热编码 · 123
8.2.2 其他非数值数据编码 · 124
8.3 特征提取 · 125
8.4 小结 · 127
练习题 · 128

第 9 章 文本分类 · 129
9.1 文本分类系统及其应用 · 129
9.2 文本预处理流程 · 130
9.3 应用举例 · 132
9.3.1 英文文本分类 · 132
9.3.2 中文文本分类 · 134

9.4	朴素贝叶斯	137
9.5	性能评价指标	138
	9.5.1　混淆矩阵	139
	9.5.2　准确率	140
	9.5.3　精度、召回率和 F1 值	140
	9.5.4　ROC 曲线与 AUC 面积	141
	9.5.5　分类报告	143
9.6	小结	144
练习题		145

第 10 章　文本聚类　147

10.1	距离计算	147
10.2	聚类算法	149
	10.2.1　K-均值及其变体	149
	10.2.2　其他聚类算法	151
10.3	应用举例	153
10.4	性能评价指标	154
10.5	小结	156
练习题		156

第 11 章　机器翻译　158

11.1	机器翻译难在哪儿	158
11.2	文本对齐	159
11.3	动态规划	160
11.4	最小编辑距离	161
11.5	应用场景与翻译工具	164
11.6	小结	165
练习题		166

第 12 章　文本信息提取　167

12.1	概述	167
12.2	命名实体识别及关系提取	168
	12.2.1　名词短语块	168
	12.2.2　标签模式	170
12.3	命名实体识别举例	172
12.4	分块器的构建与评估	173
	12.4.1　最朴素分块器与正则表达式分块器	173
	12.4.2　n-grams 分块器	174
12.5	实体关系提取	176

12.6	关键词提取	177
12.7	小结	178
	练习题	178

第 13 章 情感分析 · 180

13.1	短语级的情感分析	180
13.2	语句级的情感分析	182
13.3	文档级的情感分析	184
13.4	主题或领域级的情感分析	185
13.5	应用举例	186
13.6	小结	188
	练习题	188

第 14 章 自然语言处理工具箱 · 190

14.1	NLTK	190
14.2	SpaCy	192
14.3	TextBlob	194
14.4	HanLP	195
14.5	Gensim	196
14.6	Jieba	198
14.7	小结	200
	练习题	200

附录 A Jieba 分词中常用的词性标签、对应的英文单词（或概念）以及详细的说明 …… **202**

附录 B 一些常用的 NLTK 词性标签及其含义 …… **204**

参考文献 …… **206**

第 1 章 绪　　论

比尔·盖茨曾说，自然语言处理是人工智能的皇冠宝石。自然语言处理(Natural Language Processing,NLP)，作为人工智能的一个核心领域，旨在使计算机具备理解、解析和运用人类语言的能力。NLP 是计算机科学、机器学习(Machine Learning)和语言学(Linguistics)的交叉学科。NLP 是语音识别(Speech Recognition)、机器翻译(Machine Translation)、文本摘要(Text Summarization)、情感分析(Sentiment Analysis)、虚拟助理(Virtual Assistants)等应用的核心技术。在日常生活中，NLP 技术的应用实例随处可见，如小度智能音箱、华为手机的 YOYO 语音助手。

1.1 发展历程

下面简单回顾自然语言处理技术的发展历程。NLP 技术的研究开始于 20 世纪 50 年代。1950 年，现代计算机的奠基人、英国科学家阿兰·图灵(Alan Turing)发表了题为 *Can machines think?* 的论文。针对机器是否会"思考"这个问题，图灵认为如果一台机器与人脑输出的内容大体相当，那么就可以认为这台机器会"思考"，这就是著名的"图灵测试"(Turing Test)。此后不久，1952 年，Hodgkin-Huxley 模型展示了大脑如何利用神经元形成网络。上述这些事件极大地促进了自然语言处理、人工智能(Artificial Intelligence,AI)等领域的发展。

1957 年，乔姆斯基(Chomsky)出版了《句法结构》一书。在这本书中，乔姆斯基彻底改变了语言学概念并得出结论：要想让计算机理解一种语言，必须改变该语言的句子结构。乔姆斯基创造了一种新的语法风格——短语结构文法(Phase-Structure Grammar)，以便将语句翻译成计算机可使用的格式。在 NLP 技术发展的第一阶段，绝大多数 NLP 系统都是基于复杂手写规则的。

在 20 世纪 90 年代以后，随着计算机性能的不断提升，研究人员将大规模语料库与统计模型相结合，从大数据中自动学习规律和模式，进而实现对自然语言的处理与理解。这种方法不再依赖于人工规则，可以更好地适用于不同的语言和领域。1997 年，德国科学家 Sepp Hochreiter 及其同事提出了长短期记忆(Long Short-Term Memory,LSTM)递归神经网络(Recurrent Neural Network,RNN)模型，随后这一模型被成功应用于 NLP 领域。2001 年，Yoshio Bengio 及其团队提出了前馈神经网络(Feed-Forward Neural Network)模型。在前馈神经网络中没有环路(Cycles or Loops)，这点与 RNN 截然不同。

从 20 世纪 90 年代末起，研究人员逐渐认识到仅基于规则或统计模型，NLP 系统是无法达到实用要求的。2006 年，Hinton 等提出了深度学习技术(Deep Learning，DL)，该技术为自然语言处理带来了新突破。通过深度神经网络模型的训练和优化，NLP 技术在机器翻译、情感分析、文本分类等任务上都取得了巨大进步。

从总体上说，NLP 技术的发展历程大致分为以下 3 个阶段。

第一阶段：1950—1990 年，NLP 技术基于复杂的手写规则；

第二阶段：1990—2010 年，NLP 领域大量使用统计模型①和机器学习技术；

第三阶段：2010 年至今，基于神经网络的深度学习技术在 NLP 领域占据了垄断地位。

图 1-1 给出了推动自然语言处理技术进步的重大历史事件。

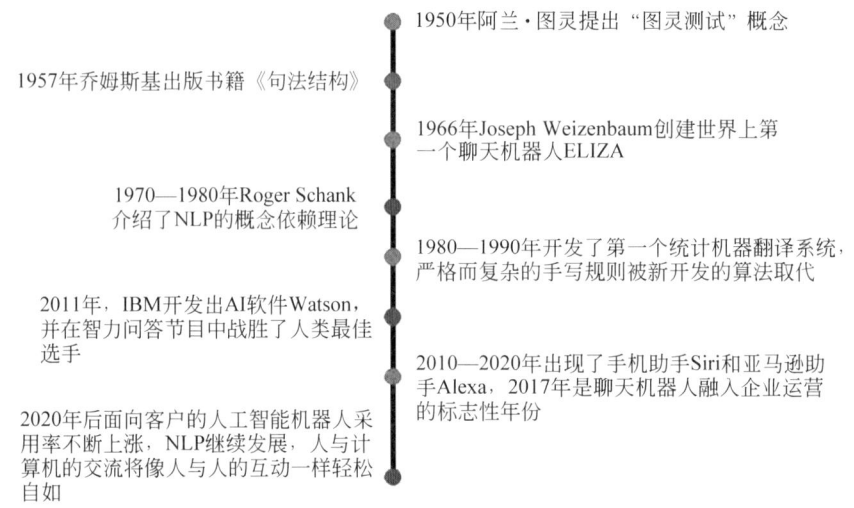

图 1-1　NLP 发展中的重大历史事件

1.2　处理流程

NLP 流程大体上包括收集数据、数据预处理和执行具体的 NLP 任务，如图 1-2 所示。数据分为文本数据、音频数据和视频数据。文本数据又细分为非结构化数据和半结构化数据。半结构化数据有网页、新闻、论文文献等。音频数据和视频数据需要分别进行语音识别和光学字符识别(Optical Character Recognition，OCR)，才能将其转换为文本数据。

图 1-2　自然语言处理的大体流程

数据预处理包括数据清洗、数据标准化、数据分割、特征提取与表示。数据清洗的目的

---

① 实际上，统计模型也属于机器学习范畴。

是去除文本中的无用信息①、改正错误、统一格式等，以提高数据的质量和可用性。数据标准化将文本数据转换成某种固定的格式，以满足后续 NLP 任务的处理要求。数据分割将原始数据划分为训练集、验证集和测试集 3 部分。特征提取的常用模型有词袋模型(Bag of Words)、TF-IDF 模型(Term Frequency and Inverse Document Frequency)和 Word2Vec 模型(Word to Vector)。特征表示常采用独热编码(One-Hot Encoding)和嵌入式编码(Embedded Encoding)。

自然语言处理包括命名实体识别、词义消歧等分析任务，以及机器翻译、问答系统等生成任务，涉及语法、语义和语用分析。它还涵盖情感分析、文本分类与聚类，支持信息的有效利用和交流，如图 1-3 所示。随着深度学习的进步，NLP 技术正在快速发展，提高了处理复杂语言问题的能力。

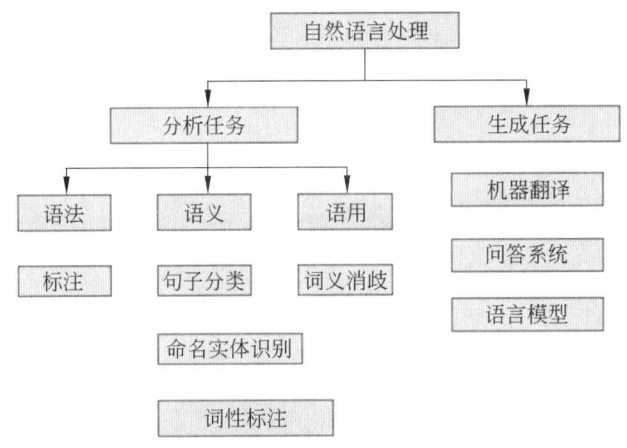

图 1-3　自然语言处理涉及的任务

1.3　文本数据的 NLP 处理流程

下面以文本数据为例给出 NLP 的处理流程，如图 1-4 所示。词法分析(Lexical Analysis)是 NLP 的基本步骤之一，它将自然语言文本分解为词汇单元(Token)，并为每个词汇单元分配相应的词性标签。词法分析有助于后续的句法分析和语义分析。常用的词法分析算法包括正则表达式匹配算法、有限状态自动机等。句法分析(Syntactic Analysis)用于确定句子的语法结构②和各种成分之间的相互关系。具体的句法分析任务包括依存句法分析(Dependency Parsing)、成分句法分析(Constituency Parsing)等。常用的句法分析算法包括基于规则的方法、基于统计的方法和基于深度学习的方法。

语义分析(Semantic Analysis)旨在理解句子的意义和语义关系。具体的语义分析任务包括词义消歧(Word Sense Disambiguation，WSD)等。常用的语义分析算法有基于知识图谱(Knowledge Graph)的方法、基于词向量的方法和基于逻辑推理的方法。语用分析

---

① 包括去除停用词(Stop Word)。停用词是指在文本中出现频率较高，但是对文本的语义分析没有帮助的词语，如"的""是"。去除停用词可以减少数据的噪声、实现降维，从而提高模型的准确度和执行效率。

② 汉语的语法结构有主谓短语、动宾短语等。

(Pragmatic Analysis)把语句中表述的对象和对对象的描述,与现实世界的真实事物及其属性相关联。

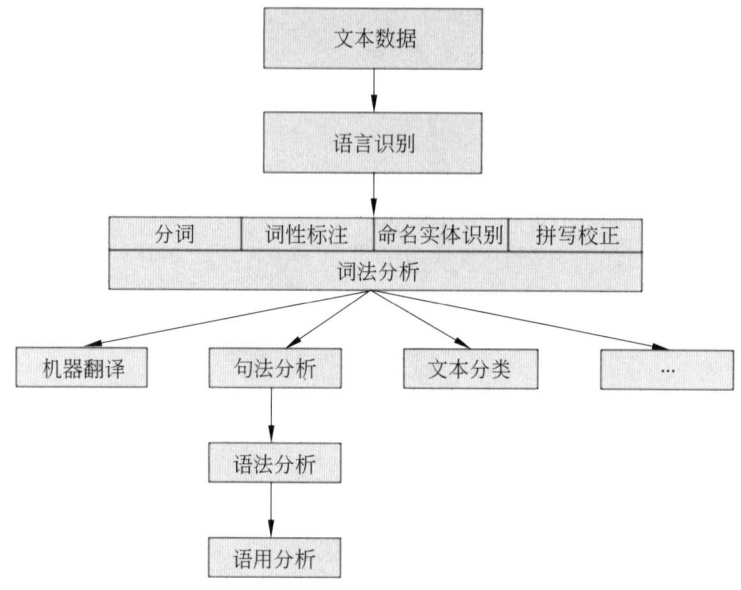

图 1-4 文本数据的 NLP 处理流程

1.4 代码实现

本节借助于强大的自然语言工具包(Natural Language ToolKit,NLTK)与机器学习平台 sklearn,通过 Python 代码实例演示 NLP 流程中一些关键技术的具体实现。NLTK 作为 NLP 领域中一个备受青睐的 Python 库,专为文本处理与分析而设计,它提供了丰富的工具箱和数据集,赋能开发者执行文本预处理、词性标注、句法与语义解析、情感分析,以及文本分类等,极大简化了复杂语言处理任务的实现路径。

1.4.1 数据清洗与标准化

数据清洗的目的是去除文本中的无用信息、改正错误、统一格式等。此处只执行去除停用词操作。

```
import nltk
from nltk.corpus import stopwords
#英文停用词,共计 179 个
stopwords_english = stopwords.words("english")
#读取哈尔滨工业大学搜集整理的中文停用词,共计 794 个
stopwords_chinese = []
with open("stopwords-zh.txt", encoding="UTF-8") as fp:
    for word in fp:
        stopwords_chinese.append(word.strip())
import re
txt = "We all like our own country."
```

```
words = re.findall("\w+", txt)              #等价于分词功能
words = [w for w in words if not w in stopwords_english]
print(words)
```

上述代码的输出结果：

```
['We', 'like', 'country']
```

分词也是一种类型的数据标准化操作。下面演示中英文分词的代码实现。

```
txt = "Amazing China!"
tokens = nltk.word_tokenize(txt)
print(tokens)
```

上述代码的输出结果：

```
['Amazing', 'China', '!']
```

当需要执行中文分词时，最简单的方法是使用Jieba(结巴)库。

```
import jieba
txt = "我们都是中国人"
tokens = jieba.lcut(txt)            #lcut()方法的返回值是一个列表(List)
print(tokens)
```

上述代码的输出结果：

```
['我们', '都', '是', '中国', '人']
```

1.4.2　数据分割以及特征提取与表示

数据分割将原始数据划分为训练集、验证集和测试集3部分。其中，训练集用于训练模型，验证集用于模型的调参，测试集用于模型的评估。数据分割必须做到随机抽样和分层抽样[①](Stratified Sampling)。

```
from sklearn.model_selection import train_test_split
from sklearn.datasets import load_iris
X, y = load_iris(return_X_y=True)
X_train, X_test, y_train, y_test = train_test_split(X, y, test_size=0.2, random_state=42)
```

上述代码只是将鸢尾花数据集划分为训练集和测试集(占20%)两部分。

特征提取将任意类型的数据，如字典、文本、图像，转换为可用于模型训练的数据。sklearn库的feature_extraction模块提供了6种特征提取方法，参见表1-1。

CountVectorizer()方法将文本转换为词频向量，其核心思想如下所述。

(1) 将文本中单词视为特征，而不考虑单词出现的先后次序；

(2) 只考虑单词在文本中出现的次数。

---

① 数据来自若干类别，而各个类别的样本数量差别很大，此时就需要使用分层抽样。

表 1-1 feature_extraction 模块提供的特征提取方法

方 法 名	功 能 说 明
DictVectorizer()	将字典转换为向量
FeatureHasher()	散列特征提取
text()	文本特征提取
image()	图片特征提取
text.CountVectorizer()	将文本转换为词频向量
text.TfidfVectorizer()	将文本转换为 TF-IDF 向量

```
>>> from sklearn.feature_extraction.text import CountVectorizer
>>> txt = ["car bus truck", "bus truck", "car truck"]
>>> cv = CountVectorizer()
>>> result = cv.fit_transform(txt)
>>> cv.vocabulary_                #规定每个特征在词频向量中的位置
{'car': 1, 'bus': 0, 'truck': 2}
>>> result.toarray()              #将稀疏矩阵转换为普通矩阵
[[1 1 1]
 [1 0 1]
 [0 1 1]]
```

1.4.3 词性标注

首先以一个英文句子为例进行词性标注。

```
from nltk import sent_tokenize, word_tokenize, pos_tag
txt = "What a beautiful city it is."
sentence_list = sent_tokenize(txt)
for sent in sentence_list:
    word_pos_list = pos_tag(word_tokenize(sent))
    print(word_pos_list)
```

上述代码的输出结果：

```
[('What', 'WP'), ('a', 'DT'), ('beautiful', 'JJ'), ('city', 'NN'), ('it', 'PRP'),
('is', 'VBZ'), ('.', '.')]
```

其中，WP 即 Wh-pronoun，代词，如 what、who、whose、which；DT 即 Determiner，限定词；JJ 即 Adjective，形容词或序数词；NN 即 Noun，常用名词的单数形式；PRP 即 Personal pronoun，人称代词；VBZ 即 Verb，动词的第三人称单数。

```
from jieba import posseg
txt = "我们都是中华儿女。"
print(posseg.lcut(txt))
```

上述代码的输出结果：

[pair('我们', 'r'), pair('都', 'd'), pair('是', 'v'), pair('中华儿女', 'n'), pair('。', 'x')]

其中，r＝Pronoun 代词；d＝Adverb 副词；v＝Verb 动词；n＝Noun 名词；x 非语素字。

```
from jieba import posseg
txt = "我们都是中华儿女。"
for pair in posseg.lcut(txt):
    print(pair)
```

上述代码的输出结果：

我们/r
都/d
是/v
中华儿女/n
。/x

```
from jieba import posseg
txt = "我们都是中华儿女。"
for pair in posseg.lcut(txt):
    print(pair.word, pair.flag)
```

上述代码的输出结果：

我们 r
都 d
是 v
中华儿女 n
。 x

1.4.4 关键词提取

关键词提取的基本原理：基于 TF-IDF 算法计算文档中每个词语的权重，然后依据权重大小提取规定数量的关键词。jieba.analyse.extract_tags()函数的基本语法如下。

```
extract_tags(sentence, topK, withWeight, allowPOS)
```

各参数说明如下。
- sentence：语句。
- topK：返回权重最大的关键词个数，默认值为 20。
- withWeight：是否返回关键词的权重，默认值为 False。
- allowPOS：是否进行词性过滤，默认值为空列表[]，即不过滤。

```
from jieba import analyse
txt = """十四届全国人大二次会议第二场"代表通道"在人民大会堂举行,全国人大代表、中国科学院院士、南开大学副校长陈军接受采访。"""
keywords = analyse.extract_tags(txt, topK=5, withWeight=True, allowPOS=[])
```

```
for item in keywords:
    word = item[0]
    weight = item[1]
    print("{:4.2f} => {:10s}".format(weight, word))
```

上述代码的输出结果：

0.63 =>陈军
0.61 =>第二场
0.56 =>十四届
0.54 =>南开大学
0.53 =>人民大会堂

1.4.5　命名实体识别

命名实体（Named Entity，NE）是指一个语句中出现的人物、时间、地点、物品、数字等实体。NLTK 包中内置的命名实体识别算法分为两种类型：①能够识别句子中所有的命名实体；②确定命名实体的具体类型，如人名、组织机构、地理位置等，参见表 1-2。注意，NLTK 的命名实体 LOCATION 与 GPE 有部分重叠。

表 1-2　NLTK 命名实体的类别

实体类别	说　　明	实体类别	说　　明
PERSON	人名，如 Yang Liwei	MONEY	货币，如 Twenty Yuan
ORGANIZATION	组织机构，如 UN	PERCENT	百分比，如 35%
LOCATION	地理位置，如 China	FACILITY	设施，如 Washington Monument
DATE	日期，如 March，2024-03-13	GPE①	地缘政治实体，如 Asia
TIME	时间，如 6:32:25 AM		

```
import nltk
#中文翻译：杨利伟是中国人民的骄傲。
text = "Yang Liwei is the pride of the Chinese people."
tokens = nltk.word_tokenize(text)              #分词
tagged = nltk.pos_tag(tokens)                  #词性标注
ne_chunked = nltk.ne_chunk(tagged)             #实体识别
#ne_chunked.draw()                             #可视化
for chunk in ne_chunked:
    if hasattr(chunk , 'label'):               #chunk 拥有属性 label
        ne = ""
        for tu in chunk.leaves():              #tu = tuple 元组
            ne += tu[0] + " "
        ne_type = chunk.label()                #得到实体的类型
```

---

①　GPE（Geo-Political Entity，地缘政治实体）

```
        print(f"实体:{ne} | 类型:{ne_type}")
```

上述代码的输出结果:

实体:Yang | 类型:PERSON[①]
实体:Liwei | 类型:ORGANIZATION
实体:Chinese | 类型:GPE

如果将 nltk.ne_chunk()函数的参数 binary 设置为 True,则命名实体仅标记为 NE;否则,分类器会给出命名实体的具体类型,如 PERSON、ORGANIZATION 和 GPE。

```
ne_chunked = nltk.ne_chunk(tagged, binary=True)
```

则上述代码的输出结果:

实体:Yang Liwei | 类型:NE   #实体识别正确,但是不能给出具体的类型
实体:Chinese | 类型:NE

1.5 小结

自然语言处理是一种人工智能,它能帮助计算机理解人类语言,并以类似人类的方式进行交流。NLP 是计算机科学、机器学习和语言学的交叉学科。NLP 是语音识别、机器翻译、文本摘要等应用的核心技术。在日常生活中,NLP 技术的应用实例随处可见。NLP 技术的研究开始于 20 世纪 50 年代。从总体上说,NLP 技术的发展大致经历了 3 个阶段。

NLP 流程大体上包括收集数据、数据预处理、执行具体的 NLP 任务。数据预处理包括数据清洗、数据标准化、数据分割、特征提取与表示。数据清洗的目的是去除文本中的无用信息、改正错误等。数据标准化将文本数据转换成某种固定的格式,以方便后续的相关操作。数据分割将原始数据划分成训练集、验证集和测试集 3 部分。特征提取的常用模型有词袋模型、TF-IDF 模型和 Word2Vec 模型。特征表示常用独热编码和嵌入式编码。

练 习 题

1. 什么是自然语言处理?
2. 举例说明自然语言处理技术在日常生活中的应用。
3. 截至目前,在自然语言处理领域最前沿的技术是什么?
4. 查阅资料给出信息检索与信息提取的区别。
5. 常用的句法分析算法有哪些?
6. 补全下列代码,将数据集分割为训练集和测试集,其中训练集占 80%。注意:标签集也需要同步进行分割。分割完成后应该得到 4 个子集 X_train、y_train、X_test 和 y_test。输出这 4 个数据集,验证数据集的分割是否正确。

```
import numpy as np
```

[①] 此处发生了识别错误,应该将 Yang Liwei 识别为 PERSON。

```
from sklearn.model_selection import train_test_split
X, y = np.arange(10).reshape((5, 2)), range(5)
X_train, X_test, y_train, y_test = train_test_split(X, y, test_size=0.2, random_state=42)
```

7. NLP 流程大体上包括 3 部分内容，它们分别是什么？

8. 数据预处理包括哪些操作步骤？

9. 数据清洗的目的是什么？

10. 特征提取的 3 个常用模型是什么？

11. 词法分析的意义何在？

12. 句法分析的目的是什么？

13. 说出一个具体的句法分析任务。

14. 语义分析的意义是什么？

15. 说出一个具体的语义分析任务。

16. 语义分析算法有哪些？

17. 在一个数据集中，特征 fruit 的 3 种取值是 apple、orange 和 banana，请编程实现对特征 fruit 进行独热编码。

第 2 章 Python 语言概述

2.1 初识 Python 语言

Python 语言由 Guido 设计并领导开发,最早的可用版本诞生于 1991 年。在 Python 语言的发展史上,先后出现了 2.x 和 3.x 版本,这两个版本不兼容。除非有特殊需要,Python 初学者优先选择 3.x 版本。Python 解释器自带的两个重要工具如下。

- pip(Package Installer for Python):Python 第三方扩展库安装工具。
- 集成开发环境(Integrated DeveLopment Environment,IDLE):交互式 IDLE 如图 2-1 所示。

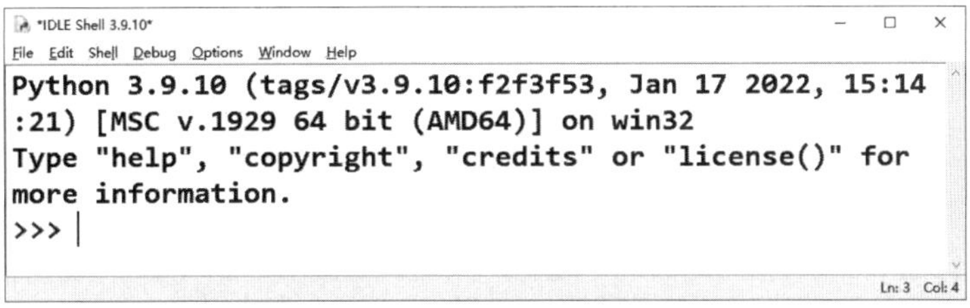

图 2-1 交互式 IDLE

pip 命令的使用方法如表 2-1 所示。pip 命令是在 cmd[①] 下使用的,而且要切换到 Python 可执行程序 python.exe 所在目录的 Scripts 文件夹下。

表 2-1 pip 命令的使用方法

pip 命令	说　　明
pip install module	安装 module 模块
pip list	列出本机已安装的所有模块
pip install --upgrade module	升级 module 模块,--upgrade 可用-U 代替
pip uninstall module	卸载 module 模块

IDLE 不提供类似于 cmd 的清屏命令 cls(Clear Screen),需要通过安装插件来实现。下

---

① cmd=command,Windows 系统的命令提示符。

载 ClearWindow.py 文件，将其放到 Python 安装路径下的 Lib\idlelib 文件夹中，用记事本打开该文件夹下的 config-extensions.def 文件，在这个文件的末尾添加下列代码：

```
[ClearWindow]
enable=1
enable_editor=0
enable_shell=1
[ClearWindow_cfgBindings]
clear-window=<Control-Key-l>
```

上述配置代码不需要手动输入，ClearWindow.py 文件包含此段代码，打开此文件并复制即可。保存 config-extensions.def 文件，重启 IDLE 后会发现菜单 Options 中多了一个清屏菜单项，如图 2-2 所示。注意：在图 2-2 中作者将清屏快捷键进行了修改，由原来的"Control-Key-l"修改为"Control-；"。清屏时只需同时按下 Ctrl 键与分号键"；"。

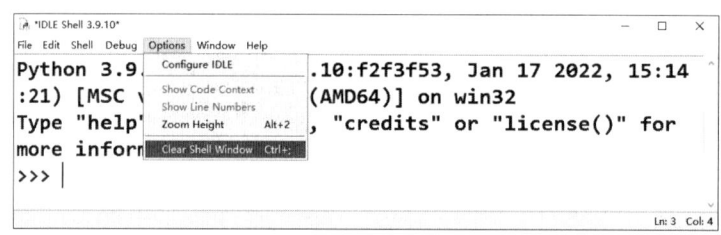

图 2-2　菜单 Options 中多了一个清屏菜单项

IDLE 常用的快捷键如表 2-2 所示。

表 2-2　IDLE 常用的快捷键

快捷键	说　　明	快捷键	说　　明
Alt+p	查看上一条命令，p 是 previous 的首字母	Tab	补全命令
Alt+n	查看下一条命令，n 是 next 的首字母	Ctrl+]	向右侧缩进代码
Alt+3	添加注释	Ctrl+[	取消缩进
Alt+4	取消注释		

2.2　数据类型

Python 语言的数据类型包括数值型、序列型、布尔型、集合型和映射型，如表 2-3 所示。还可以根据定义后数据是否可更改，将数据类型分为如下两大类。

表 2-3　Python 语言的数据类型

数　据　类　型		示　　例
数值型	整数	2，1
	浮点数	3.14
	复数	2+3j

续表

数 据 类 型		示　　例
序列型	字符串	"hello"
	列表	[1, 3, 2]
	元组	(2, 1, 3)
布尔型		True 或 False
集合型	集合	{1, 3, 5}
映射型	字典	{'b':2, 'a':1}

(1) 不可变类型(Immutable)：赋值后不可更改，如字符串和元组；

(2) 可变类型(Mutable)：赋值后可更改，除字符串和元组外的其他数据类型。

2.2.1　数值型

在 Python 语言中，整数可用二进制(Binary)、八进制(Octal)、十进制(Decimal)和十六进制(Hexadecimal)四种形式表示，如表 2-4 所示。

表 2-4　各种进制

进　　制	引　导　符	函　　数	示　　例
二进制	0b 或 0B	bin(60)	0b111100
八进制	0o 或 0O	oct(60)	0o74
十进制	—	—	60
十六进制	0x 或 0X	hex(60)	0x3c

表 2-4 给出了十进制数 60 的二进制、八进制和十六进制 3 种表示形式。在默认情况下，不同进制之间的运算结果以十进制数形式显示。

浮点数有两种表示形式，它们分别是带小数点的一般形式和科学记数法，如小数 123.456，用科学记数法表示是 1.23456e2(字母 e 可以大写)。

```
>>> 0.1 + 0.2
0.30000000000000004
```

"不确定尾数"是程序设计语言的共性问题。要消除"不确定尾数"的影响，可使用 round()函数。round(x,d)对浮点数 x 进行四舍五入，保留 d 位小数。

```
>>> round(0.1+0.2, 3) == 0.3
True
>>> round(1.55, 1)                   #输出 1.6
```

2.2.2　字符串

字符串是字符的序列，分为单行和多行字符串两种。单行字符串用一对单引号(')或双引号(")作为边界，而多行字符串用一对三个单引号(''')或双引号(""")作为边界。

```
>>> print("Hello")                    #单行字符串
```

用下标和中括号[ ]操作符访问字符串中的字符,注意下标从 0 开始计数。

```
>>> fruit = "apple"
>>> fruit[1]                          #得到字符串 apple 的第二个字符
'p'
>>> fruit[-1]                         #得到字符串 apple 的最后一个字符
'e'
>>> len(fruit)                        #得到字符串 apple 的长度(Length)
5
```

下标可以从 0 开始正向增大,也可以从-1 开始反向减小。字符串的最后一个字符其下标为-1,以此类推,倒数第 2 个字符的下标为-2,如图 2-3 所示。

图 2-3 字符串的下标

1. 字符串切片

得到字符串片段的操作叫作切片(Slice)。字符串 s 的切片为 s[start:stop:step],其参数 start 为起点(默认值为 0),stop 为终点(不包括),step 为步长(默认值为 1),3 个参数都可省略。

```
>>> s = "Python"
>>> s[0:2]                            #得到由 s[0]和 s[1]两个字符组成的字符串
'Py'
>>> s[::2]                            #等价于 s[0:len(s):2],此处 2 是步长
'Pto'                                 #得到 s[0]、s[2]和 s[4]3 个字符
>>> s[2:2]                            #得到空字符串①
' '
>>> s = "god"
>>> s[::-1]                           #步长为-1 时逆序输出字符串
'dog'
```

2. 数据类型转换

Python 语言提供了 3 个数据类型转换函数,用于实现在整数、浮点数和字符串 3 种数据类型之间进行转换,如表 2-5 所示。

---

① 注意,这里不是空格。

表 2-5　数据类型转换函数

函数名	功 能 描 述	函数名	功 能 描 述
int(x)	将 x 转换为整数	float(x)	将 x 转换为浮点数
str(x)	将 x 转换为字符串		

浮点数转换为整数时,小数部分会被舍弃(不是四舍五入);整数转换为浮点数时,会添加小数部分。

```
>>> float(5)                    #整数转换为浮点数,添加小数部分
5.0
>>> int(5.5)
5
```

添加在程序中用来说明程序功能的文字叫作注释。Python 解释器自动忽略注释的所有内容。注释有两种形式:

(1) 单行注释,以井号(#)开头;

(2) 多行注释,用一对三个单引号"'''"或三个双引号'""""'将注释内容引起来。

3. 转义字符

与其他编程语言类似,Python 语言也支持一种特殊形式的字符常量,即以一个反斜杠"\"开头的字符序列,如表 2-6 所示。"\"叫作转义字符,它能改变其后字符的本来意义。

表 2-6　转义字符

字符形式	功　　能	字符形式	功　　能
\b	退格(Backspace)	\f	走纸换页(Form Feed)
\n	换行符(Newline)	\r	回车符(Carriage Return)
\t	水平制表符(Tab)	\v	垂直制表符(Vertical)
\ooo	3 位八进制数对应的字符	\xhh	2 位十六进制数对应的字符

```
>>> oct(65)                     #十进制数 65 对应的八进制数
'0o101'
>>> print('\101')               #3 位八进制数 101 对应的字符
A
```

反斜杠"\"也是续行符,用于将一行代码写成两行及以上,一般用于代码较长的行,以增加代码的可读性。作为续行符,"\"后不能有任何字符(包括空格),必须直接换行。

```
>>> print("这是第一行\
这是第二行")
```

2.2.3　列表

1. 列表的含义

列表(List)是由一系列值构成的。列表中的值可以是任意类型。列表有多种创建方

法,其中最简单的一种方法是将元素放在一对中括号"[]"里面,并用逗号隔开。

```
>>> list()                          #空列表
>>> []                              #空列表
>>> ['hello', 1.0, [2, 4]]          #列表可以嵌套
```

2. 访问列表的元素

访问列表的元素与访问字符串的字符的操作方法完全相同。注意,下标从 0 开始计数。

```
>>> numbers = [1, 5, 3]             #列表 numbers
>>> numbers[1]                      #访问列表的第 2 个元素 5
5
>>> numbers[-1]                     #访问列表的最后一个元素 3
3
```

3. 列表的加法、乘法运算

```
>>> a = [1, 2, 3]
>>> b = [4, 5, 6]
>>> c = a + b                       #两个列表相加
>>> c
[1, 2, 3, 4, 5, 6]
>>> [1, 2] * 2                      #列表的重复操作 *
[1, 2, 1, 2]
```

4. 列表的切片

```
>>> t = ['a', 'b', 'c', 'd', 'e']
>>> t[1:3]                          #与字符串切片的操作方式相同
['b', 'c']                          #返回 t[1]和 t[2]这两个元素的值
>>> t[:]                            #3 个参数的值都省略,复制整个列表
['a', 'b', 'c', 'd', 'e']
```

5. 列表的方法

列表支持的方法可分为 4 类,分别是增加、删除、查找和修改。

```
>>> t = ['a', 'b']
>>> t.append('c')                   #append()方法在列表尾部添加元素'c'
>>> t
['a', 'b', 'c']

>>> t = [1, 5, 2]
>>> t.insert(1, 3)                  #insert()方法在索引 1 处插入元素 3
>>> t
[1, 3, 5, 2]

>>> t1 = ['a', 'b']
>>> t2 = ['c', 'd']
>>> t1.extend(t2)                   #增加多个元素时,可使用 extend()方法
>>> t1                              #列表 t1 被扩展
```

```
['a', 'b', 'c', 'd']
```

删除单个元素时,可使用pop()和remove()方法,也可使用del关键字。

```
>>> t = ['a', 'b', 'c']
>>> t.pop(1)                        #1为待删除元素的下标
'b'                                 #pop()方法的返回值是被删除的元素
>>> t
['a', 'c']

>>> t = ['a', 'b', 'c', 'b']        #列表t中有两个相同的元素b
>>> t.remove('b')                   #仅删除第一个b
>>> t
['a', 'c', 'b']
>>> del t[1]
>>> t                               #列表t中只剩下2个元素a和b
['a', 'b']

>>> t = ['a', 'b', 'c', 'd', 'e']   #删除多个元素时,需要del与切片相结合
>>> del t[1:3]                      #删除t[1]和t[2]
>>> t
['a', 'd', 'e']

>>> t = [1, 5, 2]
>>> t.index(5)                      #查找元素5的下标[①](索引)
1

>>> t = [3, 1, 2, 1]
>>> t.count(1)                      #查找元素1在列表中的出现次数
2

>>> t.count(5)                      #列表中没有元素5
0

>>> t = [1, 5, 2]
>>> t[1] = 3                        #修改单个列表元素
>>> t
[1, 3, 2]
>>> t[1:] = ['b', 'a']              #修改多个元素时,需要使用切片
>>> t
[1, 'b', 'a']

>>> t = [1, 5, 2]
>>> 2 in t                          #列表t包含元素2
```

---

① 查找的元素不存在时,会抛出异常。

```
True
```

列表支持的方法还有清除 clear()、复制 copy()、倒序 reverse()等,在此不再赘述。

6. 列表与字符串

```
>>> t = list('good')              #可以将字符串转换为列表
>>> t
['g', 'o', 'o', 'd']

>>> s = "amazing China"           #使用split()方法将字符串切分为列表
>>> t = s.split()                 #等价于 t = s.split(" ")
>>> t
['amazing', 'China']
```

可通过参数 delimiter 指定单词之间的分隔符,其默认值为空白字符[①]。

```
>>> s = "美-丽-中-国"
>>> delimiter = '-'
>>> s.split(delimiter)            #可直接写为 s.split("-")
['美', '丽', '中', '国']
```

join()的功能与 split()的功能相反,它将列表中的元素用指定的字符连接起来。

```
>>> t = ['just', 'for', 'fun']
>>> delimiter = '-'
>>> delimiter.join(t)             #可直接写为 '-'.join(t)
'just-for-fun'
```

7. 列表的排序

sort()方法执行的是原地排序(In-place),即对原列表排序。

```
>>> t = ['b', 'a', 'c']
>>> t.sort()                      #升序排列(默认)
>>> t                             #排序后的列表
['a', 'b', 'c']                   #原列表被改变

>>> t = [3, 1, 2]
>>> t.sort(reverse=True)          #降序排列,参数 reverse 的默认值为 False
>>> t                             #原列表被改变
[3, 2, 1]
```

内置函数 sorted()执行的不是原地排序,而是返回一个新列表。

```
>>> t = [1, 5, 2]
>>> sorted(t)                     #默认执行升序排列
[1, 2, 5]                         #返回一个新列表
>>> t                             #原列表不变
[1, 5, 2]
```

---

① Python 语言的空白字符有 6 个,分别是空格' '、\f、\n、\r、\t 和\v。

2.2.4 元组

元组(Tuple)也是由一系列值构成的。元组与列表在很多方面都是类似的。与列表相比,元组是不可改变的。创建元组需要将元素放在一对小括号()里面,元素之间用逗号隔开。

```
>>> t1 = tuple()              #创建空元组 t1
>>> t2 = ()                   #创建空元组 t2
>>> t = ('a', 'b')
```

当创建仅包含一个元素的元组时,在该元素的后面必须添加一个逗号[①]。

```
>>> t = ('a')
>>> type(t)
<class 'str'>                 #变量 t 为字符串,不是元组
>>> t = ('a',)                #元素后面必须添加一个逗号

>>> t = (2, 4, 3)
>>> t[1]                      #访问元组的元素
4
>>> t[1] = 5                  #修改元组 t 的第 2 个元素的值,失败

>>> t1 = (2, 1)
>>> t2 = (3, 2)
>>> t1 + t2                   #元组的加法运算
(2, 1, 3, 2)                  #返回一个新元组,原元组 t1 和 t2 保持不变
>>> (2, 1) * 2
(2, 1, 2, 1)
>>> 0 * (2, 1)                #返回一个空元组
()

>>> t = (3, 1, 5, 2)
>>> t[1:3]                    #元组的切片
(1, 5)

>>> t = tuple("good")         #元组与字符串
>>> t
('g', 'o', 'o', 'd')
```

元组是不可改变的,因此不能执行增加、删除、修改操作[②]。

```
>>> t = (1, 3, 2)
>>> t[1] = 4                  #修改元组 t 的第 2 个元素,失败

>>> t = ('g', 'o', 'o', 'd')
```

---

① 这是因为圆括号既可以表示元组,又可以表示数学公式中的小括号,从而产生歧义。因此,Python 语言规定,当创建仅包含一个元素的元组时,必须在该元素的后面添加一个逗号。

② 列表中与这 3 种操作对应的方法,在此处都不能使用。

```
>>> t = ('f',) + t[1:]
>>> t                              #变相修改元组 t 的值
('f', 'o', 'o', 'd')
```

查找元组元素的索引时,可使用 index()方法①。

```
>>> t = (1, 5, 2)
>>> t.index(5)                     #元素 5 的下标
1

>>> t = (3, 1, 2, 1)
>>> t.count(1)                     #元素 1 在元组 t 中出现了 2 次
2
>>> 1, 3                           #用逗号隔开的值被视作元组
(1, 3)
>>> a, b = 1, 2                    #元组赋值,a = 1,b = 2
>>> a, b = b, a                    #元组赋值
>>> a                              #a 与 b 的值发生了互换
2
>>> b
1
```

元组排序只能使用内置函数 sorted(),而不能使用 sort(),因为后者执行的是原地排序。

2.2.5 布尔型

布尔值只有 True 和 False。所有的非零值都等价于② True,而所有的零值③则等价于 False。

```
>>> bool(1.2)
True
>>> bool('')                       #空字符串,不是空格' '
False
```

反过来,布尔值 True 等于 1,False 等于 0。

```
>>> print(True == 1)               # ==是比较运算符,比较左右两边的值是否相等
True
```

2.2.6 集合

Python 语言的集合概念与数学的集合概念是一致的。集合不允许有重复元素,并且没有前后顺序关系。大括号"{}"或函数 set()都可用于创建集合。创建空集合必须使用 set()

---

① 查找的元素不存在时,会抛出异常。
② 等价于与等于的意思不同。
③ 除了 0、0.0、0+0j,零值还包括空字符串、空列表、空元组等;非零值有无穷多个。

函数,而不能使用大括号"{}",因为后者创建的实际上是字典(参见 2.2.7 节)。

```
>>> st = set()                    #创建一个空集合 st
>>> st = {1, 5, 7, 3}             #创建非空集合 st
```

集合的基本用途包括成员资格测试和消除重复元素。

```
>>> basket = {'apple', 'orange', 'apple', 'pear'}
>>> basket
{'orange', 'pear', 'apple'}       #只剩一个 apple 元素,重复元素被消除
>>> 'apple' in basket             #元素 apple 属于集合 basket
True
```

集合的元素不能通过下标访问,因此它无法实现切片操作。集合不支持加法和乘法运算。为集合增加元素使用 add()方法。

```
>>> st = {3, 1}
>>> st.add(2)
>>> st
{1, 2, 3}
```

删除集合元素使用 pop()、discard()和 remove()方法。集合为空时,pop()方法会抛出异常。当删除集合中并不存在的元素时,remove()方法会抛出异常。discard()方法在上述两种情况下,都不会抛出异常。clear()方法的功能是清空集合。

```
>>> s1 = {1, 2, 5}
>>> s2 = s1                       #集合变量赋值有风险①
>>> s1.clear()                    #清空集合 s1
>>> s2                            #集合 s2 也被清空了
set()
```

Python 解释器的存储策略导致了这种情况的发生,如图 2-4 所示。使用 copy()方法②可消除这种风险。

```
>>>s1 = {1, 2, 5}
>>> s2 = s1.copy()                #复制集合 s1,并赋值给 s2
>>> s1.clear()                    #清空集合 s1
>>> s1                            #集合 s1 变为空集
set()
>>> s2                            #集合 s2 不受影响
{1, 2, 5}
```

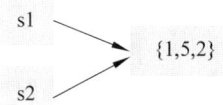

图 2-4 变量 s1 和 s2 的状态图

---

① 列表也存在相同的问题。
② 列表和字典也存在相同的问题,两者都有 copy()方法,用于消除这种风险。

2.2.7 字典

字典(Dictionary)是一种无序的键值对集合,其键必须是唯一的,不能有重复的键。字典作为一种映射,它将键与值关联在一起。与列表、元组等不同,字典以键作为索引,键必须不可改变,因此整数、字符串、元组可用作字典的键。

1. 创建字典

```
>>> dt = {}                          #创建一个空字典
>>> dt = dict()                      #另一种方式创建空字典
```

用冒号连接字典的键和值,键值对之间用逗号分隔。

```
>>> dt = {'one':1, 'two':2, 'three':3}
```

2. 访问字典

```
>>> dt = {'one': 1, 'two': 2, 'three': 3}
>>> dt['two']                        #键 two 对应的值
2
```

keys()、values()和items()方法分别返回字典的所有键、所有值和所有键值对。

```
>>> dt = {'one': 1, 'two': 2, 'three': 3}
>>> list(dt.keys())                  #返回字典 dt 的键列表
['one', 'two', 'three']
>>> list(dt.values())                #返回字典 dt 的值列表
[1, 2, 3]
>>> list(dt.items())                 #返回字典 dt 的键值对列表
[('one', 1), ('two', 2), ('three', 3)]
```

get()方法的第 1 个参数指定的键在字典中不存在时,返回其第 2 个参数。

```
>>> dt = {'one': 1, 'two': 2, 'three': 3}
>>> dt.get('three', 'Not Exists')    #字典中存在键 three,返回其对应的值 3
3
>>> dt.get('four', 'Not Exists')     #键 four 不存在,返回 get()方法的第 2 个参数
'Not Exists'
```

3. 字典的增加操作

```
>>> dt = {'one': 1, 'two': 2, 'three': 3}
>>> dt['four'] = 4                   #增加一个键值对
>>> dt
{'one': 1, 'two': 2, 'three': 3, 'four': 4}
```

setdefault()方法用于返回指定键对应的值。如果字典中不存在该键,则添加该键值对。

```
>>> dt = {'one': 1, 'two': 2, 'three': 3}
>>> dt.setdefault('two')             #字典 dt 中存在键 two,返回对应的值 2
2
```

```
>>> dt.setdefault('four', 4)                #键 four 不存在,因此添加该键值对
4
>>> dt                                      #新的键值对已添加
{'one': 1, 'two': 2, 'three': 3, 'four': 4}
```

4. 字典的删除操作

删除字典的元素,可使用 pop()、popitem()和 clear()方法。

```
>>> dt = {'one': 1, 'two': 2, 'three': 3}
>>> dt.pop('two')                           #返回键 two 对应的值 2,同时删除这个键值对
2
>>> dt
{'one': 1, 'three': 3}
>>> dt.popitem()                            #返回并删除一个键值对
('three', 3)                                #以元组的形式返回
>>> dt                                      #已删除键值对'three': 3
{'one': 1}
```

clear()方法可以清空字典。另外,还可以使用关键字 del 删除字典的元素。

```
>>> dt = {'one': 1, 'two': 2, 'three': 3}
>>> del dt['two']
```

在默认情况下,字典的查找操作是在"键"上进行的。

```
>>> 'three' in dt
True
```

2.2.8 变量

变量是一个数值的名称。下列语句创建变量 n,并给它赋值 17。

```
>>> n = 17
```

在 Python 语言中定义一个变量必须遵循以下 3 个条件:
(1) 只能使用 52 个大小写英文字母、0~9 十个阿拉伯数字和一个下画线"_";
(2) 变量名不能以数字开头;
(3) 不能用 Python 解释器使用的关键字(Keyword)。

```
>>> import keyword                          #导入 keyword 模块
>>> keyword.kwlist                          #查看 Python 使用的关键字,共计 35 个
['False', 'None', 'True', 'and', 'as', 'assert', 'async', 'await', 'break', 'class',
'continue', 'def', 'del', 'elif', 'else', 'except', 'finally', 'for', 'from',
'global', 'if', 'import', 'in', 'is', 'lambda', 'nonlocal', 'not', 'or', 'pass',
'raise', 'return', 'try', 'while', 'with', 'yield']
```

下面给出几个非法的变量名:

```
>>> 1a = 5                                  #变量名不能以数字开头
SyntaxError: invalid syntax
>>> a@ = 1                                  #@是非法字符,不能在变量名中使用
```

```
SyntaxError: invalid syntax
```

在 Python 语言中，变量名是大小写敏感的，num 与 Num 是两个不同的变量名。

操作符作用的对象叫作操作数（Operand），如在 2 ** 3 中 2 和 3 都是操作数。由数值、变量和运算符组成的式子叫作表达式（Expression）。单独的一个数值和变量也是表达式。

```
10
x                                          #假如变量 x 已赋值
```

语句（Statement）是可以被 Python 解释器执行的代码单元：

```
>>> print("Hello")                         #print 语句
Hello
>>> a = 5                                  #赋值语句
```

表达式也是一种语句。二者的区别在于表达式有值而语句没有值。

"+"操作符可用于字符串，此时它具有连接作用（Concatenation）。

```
>>> "good" + "luck"
'goodluck'
>>> 'good' * 3                             # * 操作符执行重复操作
'goodgoodgood'
```

2.2.9 基本的输入输出函数

1. input()输入函数

功能：用于从控制台获取用户的输入信息（直至遇到换行符）。input()函数以字符串的形式返回用户输入的内容。input()函数还可以包含一些提示信息。

```
>>> a = input("请输入一个整数: ")          #提示信息可以省略，此时 a = input()
请输入一个整数: 5
>>> a
'5'
```

2. print()输出函数

第一种用法：用于输出单个数值，如字符串、常量、变量等。

```
>>> a = 5
>>> print(a)
5
```

第二种用法：用于输出多个数值，如字符串、常量、变量等。

```
>>> a, b = 1, 2
>>> print(a, b)
1 2
```

第三种用法：按照模板输出运算结果，此时需要与 format()函数配合使用。

```
>>> a, b = 5, 6
>>> print("{}和{}的乘积是{}".format(a, b, a * b))
5 和 6 的乘积是 30
```

"{}和{}的乘积是{}"是模板,{}是槽。槽的编号从左往右依次为 0,1,…。也就是说,该模板的完整形式是"{0}和{1}的乘积是{2}",其中{0}、{1}和{2}分别被变量 a、b 和 a * b 代替。

```
>>> print("{1}和{0}的乘积是{2}".format(a, b, a * b))
6 和 5 的乘积是 30              #输出结果发生了细微变化
```

print()函数的原型为 print(value,…, sep=' ', end='\n', file=sys.stdout, flush=False)。

其中,参数 sep 是输出的多个数值之间的分隔符(Separator);参数 end 是在输出的末尾添加的符号,其默认值为换行符\n。

```
>>> a = 24
>>> print(a, end='%')         #以百分号结尾
24%
>>> print(1, 2, 3, sep=':', end="#")  #以:分隔 3 个输出值 1、2 和 3,并以#结尾
1:2:3#
```

3. eval()评估函数(Evaluate)

功能:eval(s)去掉字符串 s 最外层的引号,然后执行 s。

```
>>> a = eval("1.2+3.4")
>>> a
4.6
```

eval()函数经常与 input()函数配合使用,以获取用户的输入。

```
>>> num = eval(input("请输入一个数值: "))
请输入一个数值: 5
>>> print(num ** 2)
25
```

2.3 运算符

本节讲述 4 种运算符,它们分别是算术运算符、比较运算符、逻辑运算符和位运算符等。

2.3.1 算术运算符

Python 语言中一共有 9 个算术运算符,参见表 2-7。

表 2-7 算术运算符

运算符	类别	意 义	示 例	说 明
＋	一元	正号	＋a	表示正号
＋	二元	求和	a＋b	求 a 与 b 的和
－	一元	负号	－a	表示负号
－	二元	求差	a－b	求 a 和 b 的差

续表

运算符	类别	意义	示例	说明
*	二元	乘法	a * b	求a和b的乘积
/	二元	除法	a / b	求a除以b的商,结果为浮点数
%	二元	求余数	a % b	求a除以b的余数
//	二元	求整商	a // b	求a除以b的商(下取整)
**	二元	幂运算	a ** b	求a的b次幂

```
>>> a = 3
>>> b = 2
>>> a % b
1
>>> a ** b
9
```

注意,除法的结果总是一个浮点数:

```
>>> 6 / 3                        #结果不是2而是2.0,这与C语言不同
2.0
```

注意,求整商(//)的计算结果如下:

```
>>> 5 // 2                       #2.5下取整为2
2
>>> 5 // -2                      #-2.5下取整为-3
-3
```

求余运算的一个应用场景是求一个多位数各个数位上的数字。

```
>>> num = 351
>>> num % 10                     #得到num个位上的数字1
>>> num // 100                   #得到num百位上的数字3
>>> num // 10 % 10               #得到num十位上的数字5
```

2.3.2 比较运算符

Python语言中一共有6个比较运算符,参见表2-8。

表2-8 比较运算符

运算符	意义	示例	说明
==	等于	a == b	如果a等于b则结果为True;否则为False
!=	不等于	a != b	如果a不等于b则结果为True;否则为False
<	小于	a < b	如果a小于b则结果为True;否则为False
<=	小于或等于	a <= b	如果a小于或等于b则结果为True;否则为False

运算符	意　义	示　例	说　明
>	大于	a > b	如果 a 大于 b 则结果为 True；否则为 False
>=	大于或等于	a >= b	如果 a 大于或等于 b 则结果为 True；否则为 False

```
>>> a, b = 1, 2
>>> a <= b
True
```

有些浮点数在计算机内部不能精确地存储：

```
>>> x = 1.1 + 2.2
>>> x == 3.3                    #不能精确地存储导致两者不相等
False
```

2.3.3　逻辑运算符

Python 语言中一共有 3 个逻辑运算符，参见表 2-9。

表 2-9　逻辑运算符

运算符	示　例	说　明
not	not x	如果 x 为 False，则结果为 True；否则为 False
or	x or y	如果 x 和 y 都为 False，则结果为 False；否则为 True
and	x and y	如果 x 和 y 都为 True，则结果为 True；否则为 False

```
>>> x = 1
>>> not x < 2                   #x < 2 为 True,因此执行结果为 False
False
>>> x > 0 and 2 < 1             #x > 0 为 True,2 < 1 为 False,因此结果为 False
False
```

下列所有数据都等价于 False。
（1）任何零值，如 0、0.0、0.0＋0.0j；
（2）空字符串；
（3）空列表、空元组、空集合、空字典；
（4）None。

逻辑表达式求解时，不是所有的操作数都会被执行，只有在必须执行下一个操作数才能得到表达式的解时，才会执行该操作数，这叫作短路求值（Short-circuit Evaluation）。

```
>>> x = 1, y = 2
>>> x or y                      #短路求值,不输出 2,因为 x 等价于 True
1
>>> 0 and print("hello")        #短路求值,不输出 hello
0
```

2.3.4 位运算符

位运算符将操作数看作二进制数字序列,并对其逐位操作。Python 语言支持的位运算符如表 2-10 所示。

表 2-10 Python 语言支持的位运算符

运算符	示例	意义	说明
&	a & b	按位与	对应位的与运算,只有两者都是 1,才为 1;否则为 0
|	a | b	按位或	对应位的或运算,只要有一个为 1,则为 1;否则为 0
~	~a	按位取反	将每一位都逻辑求反,如果为 0,则为 1;如果为 1,则为 0
^	a^b	按位异或	对应位的异或运算,如果两者不同,则为 1;否则为 0
>>	a >> n	按位右移	将每一位都向右移动 n 位
<<	a << n	按位左移	将每一位都向左移动 n 位

```
>>> 0b1100 & 0b1010
8
>>> bin(8)                      #将十进制数 8 转换为二进制数
'0b1000'
>>> bin(6)                      #将十进制数 6 转换为二进制数
'0b110'
>>> 0b1100 >> 1
6
```

2.3.5 运算符的优先级

在求解表达式的值时,必须按照运算符的优先级从高到低的顺序执行(括号除外)。表 2-11 按照优先级从低到高的顺序列出 Python 部分运算符。

表 2-11 运算符的优先级

运算符	说明
or	逻辑或
and	逻辑与
not	逻辑非
==,!=,<,<=,>,>=,is,is not	优先级相同
|	按位或
^	按位异或
&	按位与
<<,>>	按位左移、按位右移
+,-	加、减

续表

运 算 符	说　　明
*、/、//、%	乘、除、求整商、求余数
+x,-x,~x	正号、负号、按位取反
**	幂运算

```
>>> 2 * 3 ** 2 * 4          #先计算 3 ** 2,然后自左向右按顺序计算
72
```

可以使用小括号改变运算符的执行顺序:

```
>>> 10 + 2 * 5
20
>>> (10 + 2) * 5
60
```

2.3.6　复合赋值运算符

在赋值符"="之前加上其他运算符,就构成了复合运算符,如在"="前加一个"+"运算符就构成复合运算符"+="。

a += 1 等价于 a = a+1,a %= 3 等价于 a = a%3,a ^= 5 等价于 a = a^5。

算术运算符支持此种用法:+=、-=、*=、/=、%=、//=、**=。位运算符也支持此种用法:&=、|=、^=、>>= 和 <<=。

```
>>> a = 1
>>> a += 5
>>> a
6
```

2.4　控制结构

控制结构包括选择结构和循环结构,其中选择结构又包括单分支结构、双分支结构和多分支结构;循环结构包括 for 循环和 while 循环。

2.4.1　选择结构

1. 单分支结构

```
>>> a = 6
>>> if a > 5:
        print("a > 5")
```

2. 双分支结构

```
a = -5
if a > 0:
```

```
        sign = 1
    else:
        sign = -1
print(sign)
```

3. 多分支结构

下面的程序获取用户输入的一个百分制成绩，然后将其转换成五分制，输出对应的 A、B、C、D、E 等级。

```
score = eval(input("请输入一个百分制成绩："))
if score >= 90.0:
    grade = "A"
elif score >= 80.0:
    grade = "B"
elif score >= 70.0:
    grade = "C"
elif score >= 60.0:
    grade = "D"
else:
    grade = "E"
print("对应的五分制成绩：", grade)
```

上述代码的一次执行结果：

```
请输入一个百分制成绩：70
对应的五分制成绩：C
```

2.4.2 循环结构

Python 语言提供了两种循环结构，分别是 for 循环和 while 循环。首先看 for 循环的用法，示例代码如下：

```
words = ['love', 'China']
for word in words:
    print(word, len(word))
```

程序的输出结果如下：

```
love 4
China 5
```

上述循环的执行过程：变量 word 依次获取 words 列表中的元素，然后进行相关处理。

Python 语言的内置函数 range() 用来产生一组数据，其完整的使用形式为 range(start, stop, step)，其中 start、stop 和 step 分别表示一组数据的起点、终点和步长。

```
range(5)                #生成 0、1、2、3、4 共 5 个整数
range(5, 10)            #生成 5、6、7、8、9 共 5 个整数
range(0, 10, 3)         #生成 0、3、6、9 共 4 个整数
>>> a = ['little', 'lamb']
>>> for i in range(len(a)):     #将 range() 与 len() 函数结合使用
```

```
    print(i, a[i])
```

程序的输出结果如下。

```
0 little
1 lamb
```

for 循环还有一种扩展形式,即与 else 分支结构搭配使用。当 for 循环正常结束时,程序会继续执行 else 分支中的语句。

```
for i in range(1, 3):
    print(i)
else:
    print('从 else 退出 for 循环')
```

程序的输出结果:

```
1
2
从 else 退出 for 循环
```

接着学习 while 循环。首先看一个例子:

```
num = 1
while num < 5:
    print(num)
    num += 2
```

程序的输出结果:

```
1
3
```

while 循环也可以与 else 分支搭配使用。for 循环和 while 循环分别适用于循环次数已知和未知的情况。

2.4.3　break 语句和 continue 语句

与 C 语言一样,break 语句能够提前结束包含它的 for 或 while 循环的执行过程。

```
for i in range(1, 5):
    if i == 3:
        break
    print(i)
```

上述代码的输出结果:

```
1
2
```

如果循环是被 break 语句提前终止的,而不是正常结束的,那么与循环搭配使用的 else 分支不会执行。for 和 while 循环也可以嵌套,即循环中还可以再包含一个或多个循环,这叫作两重或多重循环。

与 break 语句的用法类似，continue 语句也常常与 for 或 while 循环搭配使用。不同之处在于，continue 语句只是提前结束当前循环的继续执行，而直接进入下一轮循环。

```
for i in range(4, 7):                           #变量 i 的取值依次为 4、5、6
    if i == 5:
        continue
    print(i)
else:
    print("continue 不影响程序的正常结束!")
```

上述代码的输出结果（只是 5 没有输出）：

```
4
6
continue 不影响程序的正常结束!
```

2.4.4　应用举例

列表推导式（Comprehension）提供了创建列表的简捷方法：

```
>>> x = [i for i in range(5)]
>>> x
[0, 1, 2, 3, 4]
```

下列代码得到[0，4]内所有整数的平方：

```
>>> squares = []
>>> for x in range(5):
        squares.append(x**2)
>>> squares
[0, 1, 4, 9, 16]
>>> squares = [x**2 for x in range(5)]          #用列表推导式实现上述功能
>>> squares
[0, 1, 4, 9, 16]
>>> [x for x in range(10) if x%2==0]            #注意有 if 条件判断
[0, 2, 4, 6, 8]
```

由于种种原因，导致 Python 语言中没有元组推导式，只有列表、集合和字典推导式。

```
>>> nums = {n**2 for n in range(5)}             #集合推导式
>>> nums
{0, 1, 4, 9, 16}

>>> dt = {x:x**2 for x in (2, 4, 6)}            #字典推导式
>>> dt
{2: 4, 4: 16, 6: 36}

>>> dt = {'three': 3, 'four': 4, 'one': 1}      #使用循环结构遍历字典
>>> for k in dt:                                #默认情况下遍历字典的键
        print(k)
```

上述代码的输出结果：

three
four
one

也可以明确地指出要遍历字典的键、值或元素。

```
>>> for k in dt.keys():              #遍历字典的键
        print(k)

>>> for v in dt.values():            #遍历字典的值
        print(v)

>>> for key, value in dt.items():    #遍历字典的元素(键值对)
        print(key, '=>', value)
```

2.5 函数

函数(Function)是执行计算的命名语句序列。将一段代码封装为函数并在需要的位置进行调用，不仅可以实现代码的重复利用，更重要的是可以保证代码的完全一致。

1. 函数的定义

Python 使用关键字 def 定义函数。函数定义(Definition)的语法形式如下：

```
def 函数名([形式参数列表]):        #[]表示可选,即一个函数可以没有形式参数
    '''docstring①'''             #函数的功能说明,也就是文档字符串
    函数体中的语句
```

定义函数时需要注意如下几个问题：

(1) 一个函数即使不需要接收任何参数，也必须保留一对圆括号；
(2) 括号后面的冒号必不可少；
(3) 函数体(包括注释部分)相对于 def 关键字必须向右缩进一定数量的空格。

下面定义一个 add()函数，该函数接收两个形式参数 x1 和 x2。

```
def add(x1, x2):                    #函数头
    '''Return the sum of x1 and x2.'''
    return x1 + x2
```

在上述定义的 add()函数中，其函数体的第 1 行是注释，也就是文档字符串 docstring。

2. 函数的调用(Call)

函数定义完毕并不能自动运行，只有被调用时才能运行。下面的代码用整数 1 和 2 调用 add()函数，该函数的返回值被赋值给变量 result。

```
result = add(1, 2)
print(result)
```

---

① docstring 代表文档字符串(documentation string)。

上述调用 add()函数时使用的整数 1 和 2 是实际参数(Actual Parameter),简称为实参;而在函数头使用的参数是形式参数,简称为形参。形参没有具体的值,形参的值来自实参。

3. 函数的返回值(Return Value)

通常,定义一个函数是希望它能够返回一个或多个计算结果,这在 Python 语言中是通过关键字 return 来实现的,如上述定义的 add()函数。

```
def fib(n):                          #输出所有小于 n 的斐波那契数列(Fibonacci)[1]
    a, b = 0, 1
    fib_list = []
    while a < n:
        fib_list.append(a)
        a, b = b, a+b                #元组赋值
    return fib_list
print(fib(20))                       #将 20 作为实参调用 fib()函数
```

上述代码的输出结果:

0 1 1 2 3 5 8 13

2.5.1 函数的参数类型

在函数的定义中,形参列表的一般形式为

<必选参数>,…,<可选参数>=<默认值>,…

1. 必选参数

没有给出默认值(Default Value)的参数都是必选参数。在定义函数时,必选参数必须出现在可选参数的前面。

```
def demo(x, y=5):                    # x 是必选参数,调用函数时必须给这个参数赋值
    pass
```

2. 可选参数

带有默认值的参数都是可选参数。在定义函数时已经给可选参数指定了默认值。因此在调用一个函数时,如果没有给可选参数提供值,那么该函数就会使用其默认值。

```
def person(name, gender='male', age=20):
    print('name:', name)
    print('gender:', gender)
    print('age:', age)
```

可以使用以下 3 种方式调用上述定义的 person()函数:

(1) 仅给必选参数 name 赋值,如 person('Tim');

(2) 给必选参数 name 和可选参数 gender 赋值,如 person('Tim', 'female');

(3) 给所有参数赋值,如 person('Smith', 'male', 30)。

---

[1] 斐波那契数列的前两项为 0 和 1,从第 3 项开始,每一项都等于前两项之和,如 0,1,1,2,3,5,…

3. 可变长度参数

可变长度参数有两种：一种用单星操作符(*)定义；另一种用双星操作符(**)定义。拥有第一种可变长度参数的函数可接收任意数量的实参,这些实参被封装成一个元组。

```
def multiply(*args):              #arg = argument 参数
    z = 1
    for arg in args:
        z *= arg
    return z
```

执行代码 print(multiply(2，3，4)),输出结果为 24。

如果在函数形参列表的最后有一个用双星操作符定义的可变长度参数,那么该函数可接收任意数量的实参,而且这些实参被封装成一个字典。

```
def print_values(**kwargs):
    for key, value in kwargs.items():
        print("The value of {} is {}".format(key, value))
print_values(my_name="Tom", your_name="Tim")
```

上述代码的执行结果：

```
The value of my_name is Tom
The value of your_name is Tim
```

4. 函数参数的赋值方式

为方便读者阅读,再次给出 person() 函数的定义：

```
def person(name, gender='male', age=20):
    print('name:', name)
    print('gender:', gender)
    print('age:', age)
```

在调用函数时,如果不使用参数名给形参赋值,那么将按照实参出现的顺序依次给对应位置上的形参赋值,这叫作**按位置赋值**。如下面的函数调用：

```
person('Tim')
```

执行上述代码形参 name＝Tim,gender 和 age 取默认值,即 gender＝male,age＝20。还可以通过指定参数名的方式给形参赋值,这叫作**按关键字赋值**。

```
person(name='Tim', gender='female')
person(age=22, gender='female', name='Tim')
```

按关键字赋值不用考虑实参出现的先后顺序,也可以是

```
person('Sue', gender='female')
```

实参 Sue 按位置给形参 name 赋值,而实参 female 按关键字给形参 gender 赋值。
当混合使用这两种赋值方式时,一定要保证按位置赋值出现在按关键字赋值的前面。

```
person(gender='female', 'Sue')     #函数调用错误
```

2.5.2 参数解包

有时实参已存储在列表、元组等数据容器中,但是函数调用却需要单独的位置参数,这时就需要使用单星操作符(*)将实参从数据容器中解包(Unpacking)出来:

```
>>> def demo(x, y, z):
    print(x+y+z)
>>> demo(*[1, 2, 3])
6
```

类似地,字典可以使用双星操作符(**)进行解包以便传递关键字参数:

```
>>> def person(name, gender='male', age=20):
    print('name:', name)
    print('gender:', gender)
    print('age:', age)
>>> dt = {"name": "Tom", "gender": "male", "age": 40}
>>> person(**dt)
name: Tom
gender: male
age: 40
```

2.5.3 lambda 函数

创建匿名函数使用关键字 lambda,如定义一个返回两个参数之和的匿名函数:

```
lambda x, y: x + y
```

可以像普通函数那样使用 lambda 函数。lambda 函数在形式上只能是一个表达式。

```
>>> add_one = lambda x: x + 1
>>> add_one(1)
2
```

用普通函数实现上述匿名函数的功能。显然,匿名函数的实现代码更简练。

```
def add_one(x):
    return x + 1
```

2.5.4 变量的作用域

变量分为局部变量(Local Variable)和全局变量(Global Variable)。**局部变量**是指在函数内部(包括函数头)定义的变量,其作用范围仅限于函数内部(包括函数头)。

```
>>> def multiply(x, y=10):      #形参 x 和 y 是局部变量
    z = x * y                   #z 是局部变量
    return z
>>> s = multiply(5, 2)
>>> print(s)
10
```

全局变量是指在所有函数的外部定义的变量,它在程序执行的整个过程都有效。全局变量在函数内部使用时,需要在使用之前用关键字 global 进行声明(Declaration)。

```
>>> n = 2                          #定义一个全局变量 n 并赋初值
>>> def multiply(x, y = 10):
    global n                       #声明 n 是一个全局变量
    return x * y * n               #使用全局变量 n
>>> s = multiply(5, 2)
>>> print(s)                       #s = x * y * n = 5 * 2 * 2
20
```

在函数内部出现的变量,如果没有使用关键字 global 进行声明,那么即使它的名字与全局变量名相同,也不是全局变量。

```
>>> n = 2                          #定义一个全局变量 n 并赋初值
>>> def multiply(x, y=10):
    n = x * y                      #此处 n 不是全局变量,尽管它与全局变量名相同
    return n
```

上述规则只适用于数值型、字符串和布尔型变量。与之相反,对于列表、元组、集合和字典这 4 种类型的变量,如果在函数内部没有定义同名的变量,则使用全局变量;否则使用自定义的局部变量[①]。

2.6 类与面向对象

类是对现实世界中一些具有共同特征的事物的抽象。例如,概括某高校所有学生的属性(Attribute)就可以得到一个学生类。Python 语言使用 class 关键字来定义类。

```
class Student:
    ''' 定义一个 Student 类 '''       #Student 类的文档说明
    pass                            #占位符 pass,不执行任何操作
```

类名的首字母一般要求大写。要创建具有姓名(Name)、学号(ID)、性别(Gender)等属性的实例,需要为 Student 类添加一个特殊方法 __init__()[②]:

```
class Student:
    def __init__(self, name, id, gender='Male'):
        self.name = name            #采用点(.)记法访问属性 name
        self.id = id                #访问属性 id
        self.gender = gender        #访问属性 gender
```

__init__()方法用于初始化新创建的实例,其第一个参数是 self(不推荐使用其他变量名),指向调用它的具体实例。当创建实例时,__init__()方法会被自动调用,除 self 参数外,必须为该函数的其他形参提供值。

---

① Python 采取这种策略,其中的一个原因是为了节省内存空间,因为这 4 种数据容器通常占用很大的内存空间。
② init 是 initialization(初始化)的简称。

```
>>>s1 = Student('Kate', 191021, 'Female')
```

2.6.1 实例属性与类属性

实例成员包括实例属性与实例方法;类成员包括类属性与类方法。首先学习实例属性。

```
>>>s1.name                          #实例 s1 的属性 name 的值
'Kate'
>>> s1.name = 'Mary'                #修改实例 s1 的属性 name 的值
>>> s1.name
'Mary'
```

除了实例属性,还有一种属性叫作类属性,它被类的所有实例共享。

```
class Student:
    count = 0                       #类属性,记录学生人数
    def __init__(self, name, id, gender='Male'):
        self.name = name
        self.id = id
        self.gender = gender
        Student.count += 1          #可以像普通变量一样使用类属性
>>>s1 = Student('Kate', 191021, 'Female')
>>>s1.count                         #通过实例 s1 访问类属性 count
1                                   #目前学生人数为 1
```

访问类属性可直接使用类名,而无须创建实例,在上述__init__()方法中就是这样使用的。

```
>>> Student.count                   #通过类名 Student 访问类属性 count
1                                   #目前学生人数为 1
```

2.6.2 实例方法与类方法

其实,__init__()就是一个实例方法。下面定义一个 display_count()实例方法,用于显示学生的人数。

```
class Student:
    count = 0                       #类属性,记录学生人数
    def __init__(self, name, id, gender='Male'):
        self.name = name
        self.id = id
        self.gender = gender
        Student.count += 1          #可以像普通变量一样使用类属性
def display_count(self):            #实例方法的第一个形参为 self
        print("学生人数: %d" % Student.count)

>>>s1 = Student('Kate', 191021, 'Female')
>>> s1.display_count()
学生人数: 1
```

在实例方法的定义中,第一个形参为 self,self 指向调用它的具体实例。在调用实例方法时不需要为第一个形参赋值,Python 解释器会自动完成此操作。除了实例方法,Python 还有类方法和静态方法,这两种方法分别使用@classmethod 和@staticmethod 修饰。

2.6.3 类的继承

新类继承现有类,就自动拥有了现有类的所有功能,它只需添加缺少的功能即可。

```
class Person:                           #现有类
    def __init__(self, name, gender):
        self.name = name
        self.gender = gender

class Student(Person):                  #Student 是子类,Person 是父类
    def __init__(self, name, gender, score):
        super(Student, self).__init__(name, gender)
        self.score = score              #子类 Student 增加了一个 score 属性
s1 = Student('Kate', 'Female', 88)
print(s1.name, s1.gender, s1.score)
```

上述代码的执行结果:

```
Kate Female 88
```

object 是 Python 语言所有类的父类。父类放在子类后面的括号里,并用逗号隔开。如果一个类没有指定父类,则其父类为 object。子类使用内置函数 super()调用父类的方法。上述 Student 类调用父类 Person 的__init__()方法时,使用的就是 super()函数。在子类的__init__()方法中一定要使用 super(Student, self).__init__(name, gender)初始化父类,否则子类 Student 的实例就没有 name 和 gender 属性。Python 允许子类从多个父类继承,这被称为多重继承。

Python 将成员(属性和方法)的访问控制分为 3 种类型,分别是私有成员、保护成员和公共成员。公共属性能够在类的外部访问;保护属性可以在该属性所在类及其子类中访问;私有属性只能在该属性所在类中使用。

```
class Person:
    def __init__(self, name):
        self.name = name                #公共属性
        self._title = 'Mr.'             #保护属性,以单下画线(_)开头
        self.__salary = 20000           #私有属性,以双下画线(__)开头
p1 = Person('Bob')
print(p1.name)                          #输出 Bob
print(p1._title)                        #输出 Mr.
print(p1.__salary)                      #输出错误信息
```

如果一个父类及其子类使用了完全相同的方法名,但却有不同的实现方式,这种现象叫作多态(Polymorphism)。多态就是"多种状态"的意思。

2.6.4 类的特殊方法

__init__()就是类的一个特殊方法。特殊方法是类的实例方法，不需要直接调用，Python解释器会自动调用它们。实现特殊方法__str__()能将实例以字符串的形式输出。

```
class Person:
    def __init__(self, name, gender):
        self.name = name
        self.gender = gender
    def __str__(self):
        return '姓名:%s,性别:%s' % (self.name, self.gender)
p1 = Person('Bob', 'Male')
print(p1)
```

上述代码的执行结果：

姓名:Bob,性别:Male

注释掉__str__()方法，观察代码的输出变化。在IDLE的交互模式下执行下列代码。

```
>>> p1
<__main__.Person object at 0x00000253B5B4A470>
```

显然Python解释器并没有调用__str__()方法，实际上Python解释器调用的是__repr__()方法[1]，而该方法在Person类中并没有实现。

```
class Person:
    def __init__(self, name, gender):
        self.name = name
        self.gender = gender
    def __str__(self):
        return '姓名:%s,性别:%s' % (self.name, self.gender)
    __repr__ = __str__              #实现__repr__()方法的一个捷径
>>> p1 = Person('Bob', 'Male')
>>> p1
姓名:Bob,性别:Male
>>> print(p1)
姓名:Bob,性别:Male
```

通过实现特殊方法，用户可以指定在自定义类上运算符的行为。类特殊方法的完整列表参见 https://docs.python.org/3.5/reference/datamodel.html#special-method-names。

2.6.5 模块与包

可以使用模块（Module）和包（Package）[2]组织代码。通常，函数只实现某个特定的功能，而模块由多个函数构成。在Python语言中，一个.py文件就是一个模块。模块分为内

---

[1] object类中实现了该方法。
[2] 除了模块和包，还有一个概念叫作库（library）。通俗地说，库是包的容器。

置模块、扩展模块和自定义模块。创建自定义模块的两个步骤是创建模块和导入模块。新建源代码文件 my_module.py,在其中定义两个函数 lb2kg()和 inch2cm()。

```
def lb2kg(lb):
    return lb * 0.4536          #磅(lb)转换为千克(kg),1磅约等于0.4536千克
def inch2cm(inch):
    return = inch * 2.54        #英寸(inch)转换为厘米(cm),1英寸约等于2.54厘米
```

在程序中使用其他模块中的函数时,需要使用关键字 import 导入模块。导入模块有两种方式,如表 2-12 所示。

表 2-12 模块的导入方式

导入	全 部 导 入	部 分 导 入
命令	import 模块名	from 模块名 import *	from 模块名 import 函数名
举例	import my_module[①]	from my_module import *	from my_module import lb2kg
函数	my_module.lb2kg(10)	lb2kg(10)	lb2kg(10)

在模块 my_module 所在的目录下,新建一个源程序文件 demo.py,其包含的代码如下。

```
from my_module import *      #导入 my_module 模块中的所有函数

lb = 5
print("kg =", lb2kg(lb))
inch = 5
print("cm =", inch2cm(inch))
```

上述代码的执行结果:

```
kg = 2.268
cm = 12.7
```

包其实是一个文件夹。一个包必须有一个__init__.py 程序文件。当一个文件夹中含有__init__.py 文件时,它才会被认为是一个包。__init__.py 文件可以为空。当导入一个包时,程序会自动执行其中包含的__init__.py 文件。

创建包的 3 个步骤:首先将要打包的所有模块,如 mod1.py 和 mod2.py,存放在同一个文件夹中,如 pack;然后在文件夹 pack 中创建一个__init__.py 文件;最后在__init__.py 文件中输入如下代码。

```
from . import mod1           #点(.)代表当前文件夹
from . import mod2
```

至此,pack 包创建完毕。加载包时,包中的模块被同时导入,这样主程序可直接使用包中的模块。

2.6.6 小结

Python 语言诞生于 1991 年,它自带了两个重要工具 pip 和 IDLE。Python 的数据类型

[①] 如果模块名太长,可以使用 as 关键字给模块起一个别名,如 import my_module as mm。

包括数值型、布尔型、集合、映射型和序列型。数值型包括整数、浮点数和复数。序列型包括字符串、列表和元组。运算符包括算术运算符、比较运算符、逻辑运算符和位运算符。控制结构包括选择和循环两种,其中选择结构有 3 种使用方式,循环结构包括 for 和 while 两种。

函数是执行计算的命名语句序列。Python 使用关键字 def 定义函数。函数参数分为必选和可选参数两种。使用关键字 lambda 定义匿名函数。Python 语言支持面向对象编程技术,这些技术包括类的定义和使用,类属性和实例属性,类方法、实例方法和静态方法,类的继承,多态等内容。Python 使用关键字 class 定义类。Python 支持多重继承。

第 3 章 常用数据集

在机器学习领域,数据集就像烹饪不可或缺的原料一样重要。作为机器学习的关键组成部分,高质量的数据集不仅影响模型的选择,还直接关系到参数的设定与优化过程。本章讲述 3 种类型的数据集,它们是小数据集、大数据集和生成数据集。要想使用这些数据集,需要导入 sklearn 的 datasets 模块。

```
>>> from sklearn import datasets
```

sklearn 提供的数据集具有类似于字典的结构,主要的键值对如下。
- DESCR 键:值是数据集的描述信息;
- data 键:值是一个数组,每个样本为一行,每个特征为一列;
- target 键:值是一个标签数组。

3.1 小数据集

常用的小数据集有 6 个,如表 3-1 所示。小数据集的导入命令如下。

```
>>> from sklearn.datasets import load_*
```

上述命令中的 * 需要用具体的数据集名称代替,如 load_iris 表示导入鸢尾花(Iris)数据集。下面对这 6 个小数据集进行简要概括,如表 3-1 所示。

表 3-1 sklearn 提供的小数据集

数据集名称	任务类型	数据规模	导入命令
糖尿病	回归	442×10	load_diabetes
手写数字	分类	1797×64	load_digits
乳腺癌	分类和聚类	569×30	load_breast_cancer
鸢尾花	分类和聚类	150×4	load_iris
葡萄酒	分类	178×13	load_wine
体能训练	回归	20×3	load_linnerud

3.1.1 糖尿病数据集

糖尿病数据集包括 442 个病人的生理数据,以及一年以后的病情发展情况。每个样本由 10 个属性值(特征值)组成,如表 3-2 所示。

表 3-2 糖尿病数据集的 10 个特征

特征	说明	特征	说明
age	年龄	s2	低密度脂蛋白
sex	性别	s3	高密度脂蛋白
bmi	体重指数	s4	总胆固醇
bp	血压平均值	s5	血清甘油三酯
s1	总血清胆固醇	s6	血糖水平

举例如下:

```
>>> from sklearn.datasets import load_diabetes
>>> diabetes = load_diabetes()
>>> data = diabetes.data                        #数据部分
>>> target = diabetes.target                    #目标值
>>> feature_names = diabetes.feature_names      #特征名称
>>> df = pd.DataFrame(data, columns=feature_names)
>>> df.info()                                   #查看数据集的基本信息
Data columns (total 10 columns):
 #   Column  Non-Null Count  Dtype
---  ------  --------------  -----
 0   age     442 non-null    float64
 1   sex     442 non-null    float64
 ...  ...    ...             ...
 9   s6      442 non-null    float64
>>> df.head(2)                                  #输出前两行
        age       sex       bmi  ...        s4        s5        s6
0  0.038076  0.050680  0.061696  ... -0.002592  0.019908 -0.017646
1 -0.001882 -0.044642 -0.051474  ... -0.039493 -0.068330 -0.092204
```

糖尿病数据集的每一列都执行了标准化操作(包括性别),其使用的数学公式如下。

$$x' = \frac{x-\mu}{\sigma \sqrt{n}}$$

其中,x 为某个特征值,μ 为该特征的平均值,σ 为该特征的总体标准差(不是样本标准差),n 为样本数。因此,该数据集每一列的平方和都等于 1。

3.1.2 手写数字数据集

手写数字数据集包括 1797 个 0~9 的手写数字,每个数字由 8×8[①] 大小的矩阵构成,矩

---

① 也就是说,每个样本有 64 个特征。

阵中特征值的取值范围是 0～16，其数值大小代表颜色的深度。手写数字 0 对应的二维矩阵如图 3-1 所示。手写数字 0～9 组成的 10 张图片如图 3-2 所示。加载该数据集使用如下命令。

```
>>> from sklearn.datasets import load_digits
```

```
[[ 0.  0.  5. 13.  9.  1.  0.  0.]
 [ 0.  0. 13. 15. 10. 15.  5.  0.]
 [ 0.  3. 15.  2.  0. 11.  8.  0.]
 [ 0.  4. 12.  0.  0.  8.  8.  0.]
 [ 0.  5.  8.  0.  0.  9.  8.  0.]
 [ 0.  4. 11.  0.  1. 12.  7.  0.]
 [ 0.  2. 14.  5. 10. 12.  0.  0.]
 [ 0.  0.  6. 13. 10.  0.  0.  0.]]
```

图 3-1　手写数字 0 对应的 8×8 矩阵

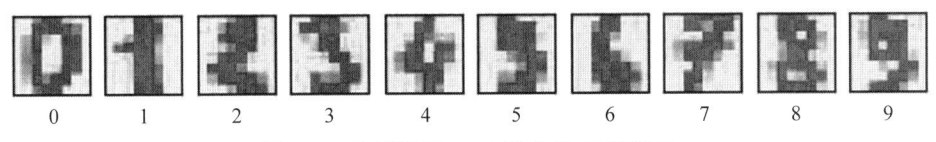

图 3-2　手写数字 0～9 组成的 10 张图片

load_digits()方法的基本语法格式如下。

```
load_digits(n_class=10, return_X_y=False)
```

- n_class：返回样本的类别数，如 n_class＝5，则返回类别 0～4 的样本；
- return_X_y：若为 True，则以(data,target)形式返回所有样本；默认值为 False，表示以字典形式返回样本的全部信息（包括 data 和 target）。

举例如下：

```
>>> from sklearn.datasets import load_digits
>>> digits = load_digits()
>>> digits.keys()
dict_keys(['data', 'target', 'frame', 'feature_names', 'target_names', 'images', 'DESCR'])
>>> digits.data.shape          #样本 1797 个，每个样本 64 个特征值
(1797, 64)
>>> digits.target.shape        #目标数组是一维的，有 1797 个元素
(1797,)
```

该数据集一共有 10 个类别，对应标签分别为 0,1,…,9。

```
>>> list(digits.target_names)  #目标值
[0, 1, 2, 3, 4, 5, 6, 7, 8, 9]
```

3.1.3　鸢尾花数据集

鸢尾花数据集(Iris)是 Fisher 在 1936 年收集整理的。该数据集由山鸢尾花(Setosa)、变色鸢尾花(Versicolor)和弗吉尼亚鸢尾花(Virginica)3 个类别的样本组成，每个类别包含

50个样本。每个样本由4个属性值组成，这4个属性分别是萼片长度(Sepal Length)、萼片宽度(Width)、花瓣(Petal)长度和花瓣宽度，如图3-3所示。

图3-3　鸢尾花的3个品种

举例如下：

```
>>> from sklearn.datasets import load_iris
>>> import pandas as pd
>>> iris = load_iris()
>>> iris.feature_names          #样本的4个特征
['sepal length (cm)', 'sepal width (cm)', 'petal length (cm)', 'petal width (cm)']
>>> iris.data.shape             #150行4列
(150, 4)
>>> iris.target.shape           #目标数组是一维的，有150个元素
(150,)
>>> df = pd.DataFrame(iris.data, columns=iris.feature_names)
>>> df.head(2)                  #输出前两个样本
   sepal length (cm)  sepal width (cm)  petal length (cm)  petal width (cm)
0               5.1               3.5               1.4               0.2
1               4.9               3.0               1.4               0.2
```

山鸢尾花、变色鸢尾花、弗吉尼亚鸢尾花的编号（即目标值）分别为0、1、2。

```
>>> dir(iris)                   #iris的实例属性
['DESCR', 'data', 'data_module', 'feature_names', 'filename', 'frame', 'target',
'target_names']
>>> list(iris.target_names)     #目标值，对应标签为0、1和2
['setosa', 'versicolor', 'virginica']
```

3.1.4　体能训练数据集

Linnerud体能训练数据集包含了20名中年男性参与者的数据，记录了他们在进行为期10周的身体训练计划前后的生理指标和运动表现。生理指标包括Weight(体重)、Waist(腰围)和Pulse(脉搏)；运动表现包括Chins(引体向上数量)、Situps(仰卧起坐数量)和Jumps(立定跳远次数)。生理指标是参与者在训练前后的生理测量值；运动表现是衡量参与者体能的运动测试结果。

由于Linnerud数据集的规模较小，它通常被用于教学目的，如展示多元线性回归、主分量分析(Principal Component Analysis，PCA)、聚类分析等方法。sklearn平台将运动表现作为特征，而将生理指标作为目标。因此，每个样本由3个属性值(特征值)组成，目标值是

Weight、Waist 和 Pulse，对应标签为 0、1 和 2。导入体能训练数据集可使用下列命令。

```
>>> from sklearn.datasets import load_linnerud
```

举例如下：

```
>>> linnerud = load_linnerud()
>>> linnerud.data.shape            #20个样本,每个样本包含3个特征值
(20, 3)
>>> linnerud.target.shape          #目标数组有20行3列
(20, 3)
>>> linnerud.feature_names         #数据集的3个特征
['Chins', 'Situps', 'Jumps']       #引体向上、仰卧起坐、跳跃次数
>>> import pandas as pd
>>> df = pd.DataFrame(linnerud.data, columns=linnerud.feature_names)
>>> df.head(2)                     #体能训练数据集前两个样本
   Chins  Situps  Jumps
0    5.0   162.0   60.0
1    2.0   110.0   60.0
>>> list(linnerud.target_names)    #目标值是体重、腰围和脉搏
['Weight', 'Waist', 'Pulse']       #对应标签分别为0、1和2
>>> df.describe()                  #得到数值属性的摘要信息
           Chins       Situps      Jumps
count  20.000000   20.000000   20.00000
mean    9.450000  145.550000   70.30000
std     5.286278   62.566575   51.27747
min     1.000000   50.000000   25.00000
25%     4.750000  101.000000   39.50000
50%    11.500000  122.500000   54.00000
75%    13.250000  210.000000   85.25000
max    17.000000  251.000000  250.00000
```

describe()方法返回样本的总数、平均值、标准差、最小值、3个四分位数（25％、50％和75％）和最大值。

3.2 大数据集

常用的大数据集有 6 个，如表 3-3 所示。大数据集的导入命令如下。

```
>>> from sklearn.datasets import fetch_*
```

上述命令中的 * 需要用具体的大数据集名称代替，如 fetch_california_housing 表示导入加州住房数据集。这些大数据集在第一次使用时会自动下载。下面对这 6 个大数据集进行简要概括，如表 3-3 所示。

表 3-3　sklearn 提供的大数据集

数据集名称	任务类型	数据规模	导入命令
Olivetti 人脸数据集	分类和降维	400×4096	fetch_olivetti_faces

续表

数据集名称	任务类型	数据规模	导入命令
20 个新闻组数据集	分类	18 846×130 107	fetch_20newsgroups
带标签的人脸数据集	分类和降维	13 233×5828	fetch_lfw_people
路透社英文新闻文本	分类和降维	804 414×47 236	fetch_rcv1
加州住房价格	回归	20 640×9	fetch_california_housing
MNIST 数据集	分类	70 000×784	fetch_openml

3.2.1 Olivetti 人脸数据集

Olivetti 人脸数据集是 1992 年 4 月—1994 年 4 月在英国剑桥 AT&T 实验室拍摄的一组人脸照片。该数据集由 400 个样本组成，即 40×10 张人脸照片[1]，每个样本由 4096 个属性[2]值(特征值)组成，如图 3-4 所示。

```
==================   =====================
Classes                                 40
Samples total                          400
Dimensionality                        4096
Features              real, between 0 and 1
==================   =====================
```

图 3-4 Olivetti 人脸数据集的详细信息

导入 Olivetti 人脸数据集使用如下命令。

>>> from sklearn.datasets import fetch_olivetti_faces

fetch_olivetti_faces()方法的基本语法格式如下。

fetch_olivetti_faces(shuffle=False, download_if_missing=True, return_X_y=False)

- shuffle：是否重新排列样本，默认值为 False；
- download_if_missing：当数据集在本地不可用时，是否尝试从源站点下载，默认值为 True；
- return_X_y：若为 True，则以(data，target)形式返回所有样本，默认值为 False，表示以字典的形式返回样本信息(包括 data 和 target)。

举例如下：

```
>>> faces = fetch_olivetti_faces()
>>> dir(faces)
['DESCR', 'data', 'images', 'target']
>>> faces.data.shape
(400, 4096)
```

---

[1] 一共 40 个人，每人 10 张脸部照片。
[2] 此处的每一张人脸图像由 64×64 像素组成。

```
>>> faces.target.shape          #目标数组是一维的,有 400 个元素
(400,)
>>> plt.imshow(faces.images[0])
>>> plt.show()                  #如图 3-5 所示
```

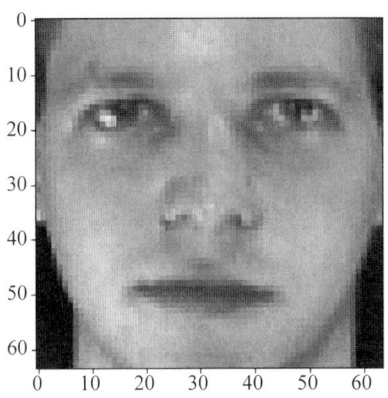

图 3-5　Olivetti 数据集的人脸照片

3.2.2　20 个新闻组数据集

20 个新闻组数据集共有 18 846 篇新闻文章,涉及 20 个话题,是文本分类、信息检索等领域的国际标准数据集之一,如图 3-6 所示。

```
=================   ==========
Classes                     20
Samples total            18846
Dimensionality               1
Features                  text
=================   ==========
```

图 3-6　20 个新闻组数据集的详细信息

该数据集有两个版本,第一个版本是原始文本,第二个版本对原始文本进行了向量化。这两个版本的导入命令如下。

```
>>> from sklearn.datasets import fetch_20newsgroups
>>> from sklearn.datasets import fetch_20newsgroups_vectorized
```

fetch_20newsgroups()函数的基本语法如下:

```
fetch_20newsgroups(subset='train', categories=None, remove=(), return_X_y = False)
```

- subset:选择要加载的数据集,默认值为 train,其他值包括 test、all;
- categories:要加载的类别名称,默认值为 None,即加载所有类别;
- remove:拟删除的文本类型,其可能的取值为 headers、footers、quotes;
- return_X_y:若为 True,则以(data,target)形式返回所有样本,默认值为 False,表示以字典的形式返回样本信息(包括 data 和 target)。

其他参数还包括 data_home、download_if_missing、shuffle、random_state 等。

举例如下：

```
>>> news20 = fetch_20newsgroups(subset='train')
>>> dir(news20)                           #实例属性
['DESCR', 'data', 'filenames', 'target', 'target_names']
>>> len(news20.data)                      #训练集的样本数为 11314①
11314
>>> news20.target.shape                   #训练集目标数组是一维的，有 11314 个元素
(11314,)
>>> labels = news20.target_names          #共计 20 个类别
['alt.atheism', 'comp.graphics', …, 'talk.politics.misc', 'talk.religion.misc']
>>> len(labels)                           #共计 20 个类别
20
>>> print(news20.data[0])                 #下面给出了代码的部分输出结果
From: lerxst@wam.umd.edu (where's my thing)
Subject: WHAT car is this!?
Nntp-Posting-Host: rac3.wam.umd.edu
Organization: University of Maryland, College Park
Lines: 15

I was wondering if anyone out there could enlighten me on this car I saw
the other day. …
```

fetch_20newsgroups_vectorized()函数的基本语法格式如下。

fetch_20newsgroups_vectorized(subset='train', remove=(), return_X_y=False, normalize=True)

normalize：将每个文档的特征向量进行归一化，默认值为 True。
其他参数还包括 data_home、download_if_missing 等。

```
#20 个新闻组数据集的第二个版本
>>> news20 = fetch_20newsgroups_vectorized(subset="train")
```

3.2.3　LFW 数据集与 RCV1 数据集

当前，LFW(Labeled Faces in the Wild)作为一个标准的人脸识别数据集被广泛应用，其独特价值在于收录的照片均源自真实世界的自然场景。由于多种姿态、光照条件、表情、年龄、遮挡等因素的影响，即便是同一个人的不同照片也可能存在着显著的差异，这极大地提升了人脸识别的挑战性与辨识难度。

此外，有些照片中包含多个人脸，对这些多人脸照片仅以处于中央位置的人脸作为目标，而将其他区域视为背景干扰元素。LFW 数据集共有 13 233 张人脸照片，每张照片均给出对应的人名，共计 5749 人（即类别），且绝大部分人仅有一张照片。每张照片的规格统一为 250×250 像素，其中绝大部分为彩色照片，但也包括一少部分黑白照片。LFW 数据集的

---

① 训练集和测试集的样本数分别为 11 314 和 7532，共计 18 846。

详细情况如图 3-7 所示。

```
=================   =======================
Classes                                5749
Samples total                         13233
Dimensionality                         5828
Features              real, between 0 and 255
=================   =======================
```

图 3-7 LFW 数据集的详细情况

fetch_lfw_people() 函数的常用参数包括 return_X_y、min_faces_per_person、slice_、resize、download_if_missing 等。

举例如下：

```
>>> from sklearn.datasets import fetch_lfw_people
>>> people = fetch_lfw_people()
>>> dir(people)
['DESCR', 'data', 'images', 'target', 'target_names']
>>> people.data.shape
(13233, 2914)
```

路透社英文新闻文本 RCV1(Reuters Corpus Volume I)是来自路透社的新闻语料库，其中包含 103 个类别的 804 414 篇新闻文本，如图 3-8 所示。RCV1 是文本分类和信息检索领域的基准数据集，其每一篇文章都被标记为若干主题。RCV1 数据集适用于多分类任务，其类别是新闻主题的集合。

fetch_rcv1() 函数的常用参数有 subset、download_if_missing、random_state、shuffle、return_X_y 等。其训练集和测试集的样本数分别为 23149 和 781265。

```
>>> from sklearn.datasets import fetch_rcv1
>>> rcv1 = fetch_rcv1()
>>> dir(rcv1)
['DESCR', 'data', 'sample_id', 'target', 'target_names']
>>> rcv1.data.shape                    #特征的数量为 47236
(804414, 47236)
```

```
=================   =======================
Classes                                 103
Samples total                        804414
Dimensionality                        47236
Features               real, between 0 and 1
=================   =======================
```

图 3-8 RCV1 语料库的详细信息

3.2.4　加州住房价格数据集

加州住房价格数据集基于 1990 年加州人口普查数据得来，如图 3-9 所示。该数据集包含 20640 个样本，每个样本由 9 个属性值(特征值)组成，这 9 个属性如表 3-4 所示。街区是美国人口普查局发布数据样本的最小地理单位，一个街区的人口数量通常为 600～3000 人不等。这个数据集最初的设计目标是利用其他属性值，预测任意街区的房价中位数。

```
==============   ==============
Samples total             20640
Dimensionality                8
Features                   real
Target          real 0.15 - 5.
==============   ==============
```

图 3-9　加州住房价格数据集的详细信息

表 3-4　加州住房价格数据集包含的所有属性

属　性　名	属性值类型	说　　　明
MedInc	浮点数	收入中位数
HouseAge	浮点数	房龄中位数
AveRooms	浮点数	房间平均数
AveBedrms	浮点数	卧室平均数
Population	浮点数	人口数量
AveOccup	浮点数	家庭成员的平均人数
Latitude	浮点数	街区的纬度
Longitude	浮点数	街区的经度
MedHouseVal	浮点数	房价中位数（回归目标）

举例如下：

```
>>> from sklearn.datasets import fetch_california_housing
>>> housing = fetch_california_housing(as_frame=True)
#默认查看数据集的前五行,一行代表一个街区
>>> housing.frame.head()                #输出省略
#默认查看数据集的前五行,一行代表一个街区
>>> housing.data.head()                 #输出省略
#默认查看数据集目标值的前五行
>>> housing.target.head(3)
0    4.526
1    3.585
2    3.521
#使用info()方法查看数据集的基本信息
>>> housing.frame.info()                #部分输出结果
Data columns (total 9 columns):
 #   Column        Non-Null Count   Dtype
---  ------        --------------   -----
 0   MedInc        20640 non-null   float64
 1   HouseAge      20640 non-null   float64
 2   AveRooms      20640 non-null   float64
 3   AveBedrms     20640 non-null   float64
```

4	Population	20640 non-null	float64
5	AveOccup	20640 non-null	float64
6	Latitude	20640 non-null	float64
7	Longitude	20640 non-null	float64
8	MedHouseVal	20640 non-null	float64

上述 info() 方法提供的信息包括样本总数、所有的属性名及其对应的数据类型等。

3.2.5 MNIST 手写数字数据集

MNIST 数据集由美国高中生与人口普查局工作人员手写的 70 000 张 0～9 十个数字的图片构成的，每张图片用其代表的数字标记。实际上，每张图片由 28×28 像素矩阵构成。因此，每张图片包含 28×28 = 784 个特征。矩阵中特征值的取值范围为 0～255，0 代表白色，255 代表黑色。图 3-10 给出了 30 张手写数字的图片。MNIST 数据集的导入命令如下。

```
>>> from sklearn.datasets import fetch_openml
```

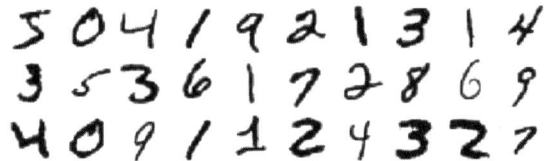

图 3-10　手写数字图片示例

举例如下：
```
>>> mnist = fetch_openml("mnist_784", version=1, parser='auto')
>>> type(mnist.data)
<class 'pandas.core.frame.DataFrame'>
>>> mnist.data.shape            #70000 张图片，每张有 784 个特征
(70000, 784)
>>> mnist.target.shape          #目标数组是一维的，有 70000 个元素
(70000,)
>>> dir(mnist)                  #实例 mnist 的所有属性
['DESCR', 'categories', 'data', 'details', 'feature_names', 'frame', 'target', 'target_names', 'url']
```

3.3　生成数据集

常用的生成数据集有 7 个，如表 3-5 所示。生成数据集的导入命令如下。
```
>>> from sklearn.datasets import make_*
```

上述命令中的 * 需要用具体的数据集名称代替，如 make_regression。下面对这 7 个生成数据集进行简要概括，如表 3-5 所示。

表 3-5　sklearn 提供的生成数据集

数据集名称	任务类型	数据规模	导入命令
回归模型	回归	n_samples×n_features	make_regression
聚类模型	聚类	n_samples×n_features	make_blobs
分类模型	分类和降维	n_samples×n_features	make_classification
多维正态分布	分类	n_samples×n_features	make_gaussian_quantiles
同心圆数据集	分类和聚类	n_samples×2	make_circles
双半圆数据集	分类和聚类	n_samples×2	make_moons
瑞士卷	聚类	n_samples×3	make_swiss_roll

3.3.1　make_regression 与 make_blobs

make_regression()方法生成的数据集用于测试回归模型,其基本的语法格式如下。

```
make_regression(n_samples=100, n_features=100, noise=0.0, coef=False)
```

- n_samples：生成的样本数,默认值为 100；
- n_features：样本的特征数,默认值为 100；
- noise：高斯噪声的标准差,默认值为 0.0；
- coef：是否返回回归系数,默认值为 False。

其他参数还包括 n_targets＝1、bias＝0.0、shuffle＝True、random_state＝None 等。

举例如下：

```
>>> from sklearn.datasets import make_regression
#输入样本 X,输出值 y①,回归系数 coef,共 200 个样本,每个样本 1 个特征
>>> X, y, coef = make_regression(n_samples=200, n_features=1, noise=10, coef=True)
>>> plt.scatter(X, y, color="b", marker="x", s=80)
#绘制真实的曲线
>>> plt.plot(X, X * coef, color="r", linewidth=3)
```

上述代码的输出结果如图 3-11 所示。

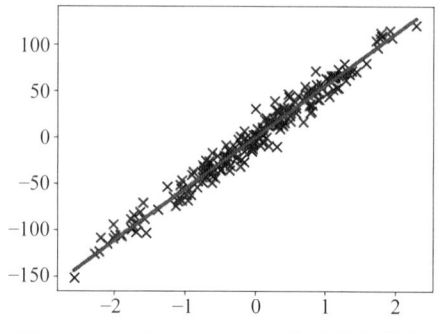

图 3-11　make_regression 生成的数据集

---

①　高斯噪声添加到输出值 y。

make_blobs()方法生成的数据集[①]用于测试聚类算法,其基本的语法格式如下。

make_blobs(n_samples=100, n_features=2, centers=None, cluster_std=1.0)

- centers：簇中心的个数或自定义的簇中心,默认值为 None；
- cluster_std：每个簇的标准差,默认值为 1.0。

其他参数还包括 center_box、shuffle、random_state、return_centers＝False 等。

举例如下：

```
from sklearn.datasets import make_blobs
X, y = make_blobs(n_samples=200, centers=3, random_state=42)
for x, z in zip(X, y):
    if z == 0:
        plt.scatter(x[0], x[1], c="r", s=80, marker="o")
    elif z == 1:
        plt.scatter(x[0], x[1], c="g", s=80, marker="x")
    else:
        plt.scatter(x[0], x[1], c="b", s=80, marker="s")
```

上述代码的输出结果如图 3-12 所示。

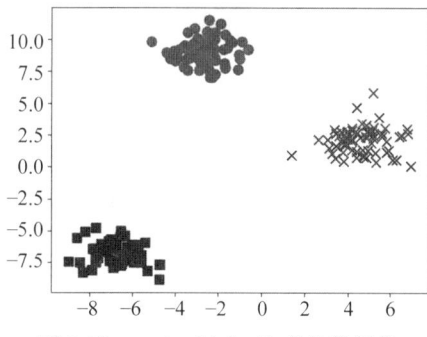

图 3-12　make_blobs 生成的数据集

3.3.2　make_classification

make_classification()方法生成的数据集用于测试分类模型,其基本的语法如下。

make_classification(n_samples=100, n_features=20, n_redundant=2, n_classes=2)

- n_redundant：冗余的特征数,默认值为 2；
- n_classes：类别的数量,默认值为 2。

其他参数还包括 n_clusters_per_class、weights、shuffle、random_state 等。

举例如下：

```
from sklearn.datasets import make_classification
plt.xticks(size=12)
plt.yticks(size=12)
```

[①] 符合各向同性的高斯分布。

```
X, y = make_classification(n_samples=200, n_features=2, n_redundant=0, \
                n_clusters_per_class=1, n_classes=3, random_state=0)
for x, z in zip(X, y):
    if z == 0:
        plt.scatter(x[0], x[1], c="r", s=80, marker="o")
    elif z == 1:
        plt.scatter(x[0], x[1], c="g", s=80, marker="s")
    else:
        plt.scatter(x[0], x[1], c="b", s=80, marker="x")
```

上述代码的输出结果如图 3-13 所示。

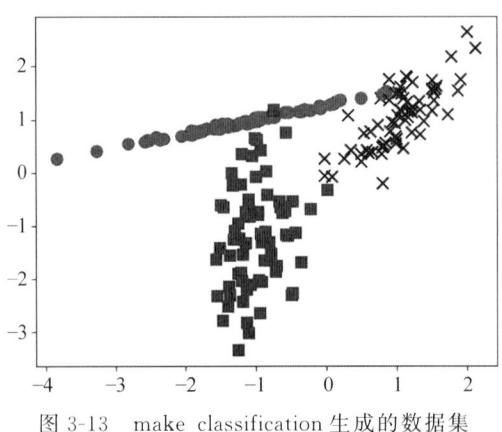

图 3-13 make_classification 生成的数据集

3.3.3 make_circles 与 make_moons 数据集

make_circles()方法生成同心圆数据集,用于测试分类和聚类算法,其基本语法如下。

make_circles(n_samples=100, noise=None, random_state=None, factor=0.8)

factor:内外圆的比例因子[1],默认值为 0.8。

其他参数还包括 shuffle 等。

举例如下:

```
from sklearn.datasets import make_circles
X, y = make_circles(n_samples=200, noise=0.1, factor=0.5, random_state=0)
for x, z in zip(X, y):
    if z == 0:
        plt.scatter(x[0], x[1], c="r", s=80, marker="o")
    else:
        plt.scatter(x[0], x[1], c="b", s=80, marker="x")
print(X.shape)              # (200, 2)
print(y.shape)              # (200,)
print("标签值:", set(y))    #标签值: {0, 1}
```

---

[1] factor 值越大内圆越接近外圆。

上述代码的输出结果如图 3-14 所示。

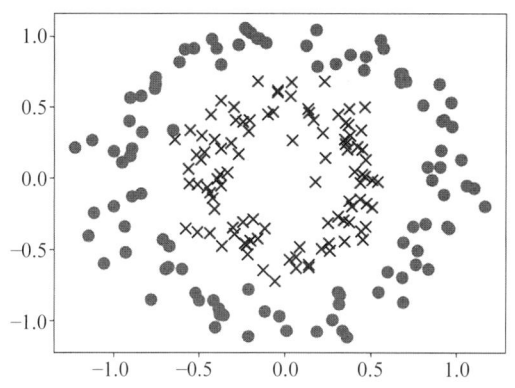

图 3-14　make_circles 生成的同心圆数据集

make_moons()方法生成双半圆数据集，用于测试分类和聚类算法，其基本语法如下。

make_moons(n_samples=100, shuffle=True, noise=None, random_state=None)

shuffle：是否重新排列样本，默认值为 True。

举例如下：

```
import matplotlib.pyplot as plt
from sklearn.datasets import make_moons
X, y = make_moons(n_samples=200, noise=0.1, random_state=0)
for x, z in zip(X, y):
    if z == 0:
        plt.scatter(x[0], x[1], c="r", s=80, marker="o")
    else:
        plt.scatter(x[0], x[1], c="b", s=80, marker="x")
```

上述代码的输出结果如图 3-15 所示。

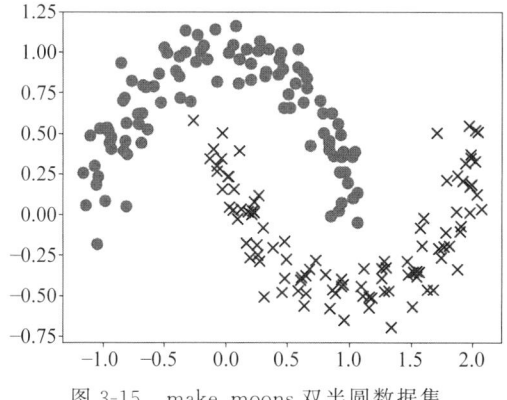

图 3-15　make_moons 双半圆数据集

3.3.4　瑞士卷

make_swiss_roll()方法生成瑞士卷数据集，用于测试聚类算法，其基本语法如下。

```
make_swiss_roll(n_samples=100, noise=0.0, random_state=None)
```

举例如下：

```
from sklearn.datasets import make_swiss_roll
X, t = make_swiss_roll(n_samples=400, noise=0.05, random_state=42)
fig = plt.figure()
#elev、azim 分别表示绕 Y 和 Z 轴旋转的角度
ax = fig.add_subplot(111, projection="3d", elev=7, azim=-80)
#坐标原点在(0, 0),长度占屏幕长度的 95%,高度占屏幕高度的 100%
ax.set_position([0, 0, 0.95, 1])
#c = color,点的边界颜色 edgecolor 是黑色(Black),cmap 为色图
ax.scatter(X[:, 0], X[:, 1], X[:, 2], c=t, edgecolor="k", cmap=plt.cm.cool)
```

上述代码的输出结果如图 3-16 所示。

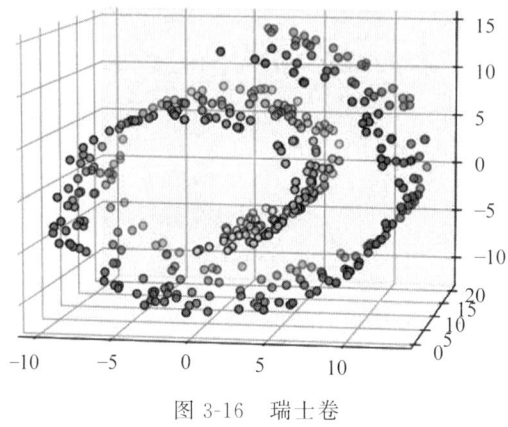

图 3-16　瑞士卷

3.4　小结

本章讲述了 3 种类型的数据集，它们是小数据集、大数据集和生成数据集。要想使用这些数据集，需要导入 sklearn 的 datasets 模块。小数据集有 6 个，分别是糖尿病、手写数字、乳腺癌、鸢尾花、葡萄酒和体能训练，导入命令以 load_ 开头。常用的大数据集有 6 个，分别是 Olivetti 人脸数据集、20 个新闻组数据集、带标签的人脸数据集、路透社英文新闻文本、加州住房价格和 MNIST 数据集，导入命令以 fetch_ 开头。常用的生成数据集有 7 个，分别是回归模型、聚类模型、分类模型、多维正态分布、同心圆数据集、双半圆数据集和瑞士卷，导入命令以 make_ 开头。

练　习　题

1. 常用的小数据集有哪几个？写出其中的 3 个。
2. 常用的大数据集有哪几个？写出其中的两个。
3. 常用的生成数据集有哪几个？写出其中的 3 个。

4. 写出导入鸢尾花数据集的命令。

5. 写出导入 Olivetti 人脸数据集的命令。

6. 写出导入生成数据集聚类模型的命令。

7. 编程实现下列功能：

（1）生成 300 个数据样本使其符合多维正态分布，每个样本由 3 个特征值组成，特征均值[1.5，3.2，2.4]，协方差 cov＝2；

（2）验证第 1 个特征的均值近似等于 1.5。

8. 编程实现：使用生成数据集建立一个回归模型，输出该模型的参数。

9. 编程实现：使用生成数据集建立一个分类模型，输出该模型的参数。

10. 编程实现：使用生成数据集建立一个聚类模型，输出该模型的参数。

11. 使用 make_regression() 函数生成由 300 个样本组成的数据集，样本的特征数为 5，高斯噪声 noise＝10，编程计算这个数据集的真实误差（应该约等于 noise）。

12. 将加州住房价格数据集进行可视化显示，X 轴为街区的纬度（Latitude），Y 轴为街区的经度（Longitude），半透明度 alpha 等于 0.2，X 轴和 Y 轴的标签分别为 latitude 和 longitude，如图 3-17 所示。

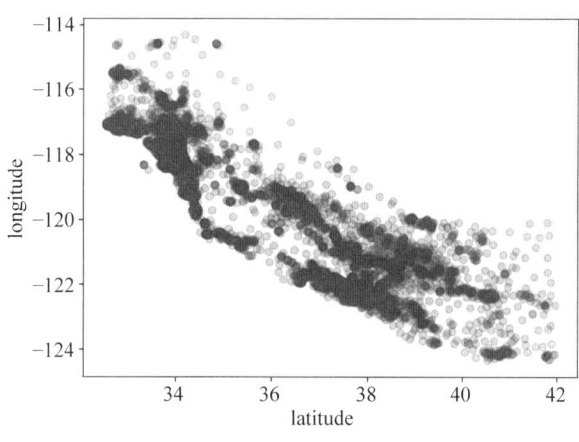

图 3-17 加州住房价格数据集

第 4 章 语 料 库

语料库作为自然语言处理(NLP)的核心要素之一,不仅决定了模型的选择、参数的设定与优化,还在很大程度上影响了最终系统的性能和应用范围。

4.1 语料库概述

语料库(Corpus)是指经科学取样和加工的大规模电子文本库,其中存放着在实际使用过程中真实出现过的语言材料。语料库有多种类型,确定其类型的主要依据是它的研究目的和用途。一般将语料库分为如下 4 种类型。

(1) 异质的(Heterogeneous):没有特定的语料收集原则,广泛收集并原样存储各种语料;

(2) 同质的(Homogeneous):只收集同一种类型内容的语料;

(3) 系统的(Systematic):根据预先确定的原则和比例收集语料,使语料具有平衡性和系统性,能够代表某一范围内的语言事实;

(4) 专用的(Specialized):只收集用于某一特定用途的语料。

除此之外,依据语料的语种数量不同,可将语料库分成单语种(Monolingual)、双语种(Bilingual)和多语种(Multilingual)语料库。按照语料的采集单位不同,也可将语料库分成语篇级、语句级和短语级语料库。双语种和多语种语料库按照语料的组织形式,还可以分成平行(对齐)语料库和比较语料库,前者的语料构成译文关系,多用于机器翻译等应用领域,后者将表述同样内容的不同语言文本收集到一起,可用于语言的对比研究。

语料库的基本特征可以概括为以下几点。

(1) 大规模性。语料库通常包含数百万甚至数十亿个单词或句子,具有非常庞大的规模。

(2) 多样性。语料库涵盖了不同地域、不同时间、不同领域、不同体裁的语言材料。

(3) 实际性。语料库收集的都是实际存在的语言材料,具有真实性和可靠性,能够反映出人们实际使用语言的情况。

(4) 标注性。语料库中的文本通常都进行了语言学标注,如分词、词性标注、句法结构标注等。这些标注信息可以帮助研究者更好地分析语言现象。

(5) 动态性。语料库是一个动态的概念,随着时间的推移,语料库的内容也需要不断地更新和扩充。

4.2 中文语料库

1. 国家语委现代汉语语料库

国家语委现代汉语语料库是一个大规模的平衡语料库,语料选材类别广泛,时间跨度大。在线提供检索的语料经过分词和词性标注,可以进行按词检索和分词类的检索。

2. 北京语言大学语料库中心

北京语言大学语料库中心(BLCU Corpus Center,BCC)是以汉语为主、兼有英语和法语的在线语料库,是服务语言本体研究和语言应用研究的在线大数据系统。BCC 语料库总字数约 150 亿字,包括报刊(20 亿)、文学(30 亿)、微博(30 亿)、科技(30 亿)、综合(10 亿)和古汉语(20 亿)等多领域语料,是可以全面反映当今社会语言生活的大规模语料库。

3. 清华大学开放语料库

清华大学开放语料库(THU Open Chinese Lexicon,THUOCL)是由清华大学自然语言处理与社会人文计算实验室整理并推出的一套高质量的中文词库,词表来自主流网站的社会标签、搜索热词、输入法词库等。THUOCL 具有以下特点。

(1) 包含统计信息 DF(Document Frequency)值,方便用户个性化选择使用。

(2) 词库经过多轮人工筛选,保证词库收录的准确性。

(3) 开放更新,将不断更新现有词表,并推出更多类别词表。

4. 北京大学 CCL 语料库

CCL 语料库中的中文文本未经分词处理,检索系统以汉字为基本单位。CCL 汉语语料库总字符数为 783 463 175,其中现代汉语语料库总字符数为 581 794 456,古代汉语语料 201 668 719 字。语料库中所包含的语料涉及的文献时间从公元前 11 世纪至当代。

5. 人民日报标注语料库

目前该语料库涵盖了《人民日报》2015 年 1—5 月、2016 年 1 月、2017 年 1 月、2018 年 1 月共 8 个月的分词语料,并且后续将不断补充最新语料。

6. 清华大学中英平行语料库

清华大学中英平行语料库由清华大学自然语言处理与社会人文计算实验室在国家"863 计划"项目"互联网语言翻译系统研制"的支持下,利用自身研发的互联网平行网页获取软件和双语句子自动对齐软件获取并处理得到,共包含 285 万中英平行句对。

其他中文语料库还有很多,在此不再一一列举。

4.3 英文语料库

NLTK 内置了对 113 个语料库以及已训练模型的支持,这里仅介绍其中几个最常用的语料库,它们分别是古腾堡语料库、网络文本语料库、即时消息聊天语料库、布朗语料库、路透社语料库和就职演讲语料库。

4.3.1 古腾堡语料库

古腾堡语料库(Gutenberg Corpus)涵盖古腾堡项目电子文档中的少量文本。古腾堡项目拥有大约 25 000 本免费电子书。

```
>>>from nltk.corpus import gutenberg
>>> gutenberg.fileids()
['austen-emma.txt', …, 'whitman-leaves.txt']
#该语料库一共包含 18 个文本文件
>>> len(_)
18
```

第一个文件 austen-emma.txt 是简·奥斯汀小说《爱玛》的电子版,其中包含的单词数如下。

```
>>> emma = gutenberg.words("austen-emma.txt")
>>> len(emma)                          #《爱玛》包含的单词数
192427
```

下面分别统计 18 个文本文件的单词平均长度、句子平均长度和单词的平均使用次数。

```
>>> for fileid in gutenberg.fileids():
    num_chars = len(gutenberg.raw(fileid))          #字符数
    num_words = len(gutenberg.words(fileid))        #单词数
    num_sents = len(gutenberg.sents(fileid))        #句子数
    num_vocab = len(set(w.lower() for w in gutenberg.words(fileid)))
                                                    #不重复的单词数
    print(round(num_chars/num_words), end=" ")      #单词的平均长度
    print(round(num_words/num_sents), end=" ")      #句子的平均长度
    print(round(num_words/num_vocab), end=" ")      #单词的平均重复次数[1]
    print(fileid)
```

上述代码的部分输出结果:

```
5 25 26 austen-emma.txt
5 26 17 austen-persuasion.txt
… … … … … …
```

round()函数将上述计算结果四舍五入到个位数。通过观察发现,单词的平均长度似乎是英语的一般属性,因为它的递归值为 4[2]。平均句子长度和词汇多样性几乎可以看作特定作者的写作风格。

raw()函数在读取文件内容时不进行任何语言处理。

```
>>> gutenberg.raw('austen-emma.txt')    #省略输出结果
>>> len(gutenberg.raw('austen-emma.txt'))
887071                                  #文本中的字母数,包括单词之间的空格
```

sents()函数将文本分割成语句,而每个语句都是一个单词的列表。

```
>>> sents = gutenberg.sents("austen-emma.txt")
```

---

[1] 即词汇的多样性。

[2] 4 出现了 8 次, 5 出现了 10 次。

```
>>> sents[28]                              #中文翻译：伍德豪斯一家首先出现在那里
['The', 'Woodhouses', 'were', 'first', 'in', 'consequence', 'there', '.']
```

4.3.2 网络文本语料库和即时消息聊天语料库

与古腾堡语料库这种已有的文献资料不同，NLTK 也包含少量的网络文本数据，即网络文本语料库（webtext）和即时消息聊天语料库（nps_chat）。网络文本语料库包含 Firefox 论坛文本、《巨蟒与圣杯》电影剧本、在纽约不经意间听到的对话、《加勒比海盗》电影剧本、个人广告以及葡萄酒评论。

```
>>> from nltk.corpus import webtext
>>> for fileid in webtext.fileids():
    print(fileid)
```

上述代码的输出结果：

```
firefox.txt                    #firefox 论坛文本
grail.txt                      #《巨蟒与圣杯》电影剧本
overheard.txt                  #在纽约不经意间听到的对话
pirates.txt                    #《加勒比海盗》电影剧本
singles.txt                    #个人广告
wine.txt                       #葡萄酒评论
>>> webtext.raw('grail.txt')[:50]
'SCENE 1: [wind] [clop clop clop] \nKING ARTHUR: Who'
```

即时消息聊天语料库包含 10 000 多条帖子。依据聊天者的年龄[①]和日期将这些帖子组织成 15 个文件。文件名包含日期、聊天者的年龄和帖子数量，如文件 10-19-20s_706posts.xml 表示 2006 年 10 月 19 日从 20s 聊天室[②]收集的 706 个帖子。

```
>>> from nltk.corpus import nps_chat
>>> chatroom = nps_chat.posts("10-19-20s_706posts.xml")
>>> chatroom[7]
['.', 'ACTION', 'gives', 'U121', 'a', 'golf', 'clap', '.']
```

4.3.3 布朗语料库

布朗语料库（Brown Corpus）是第一个由数百万个单词构成的英文电子语料库，创建于 1961 年的布朗大学。表 4-1 给出了布朗语料库各部分的示例文档。

表 4-1 布朗语料库各部分的示例文档

ID	文件名	类　　型	描　　述
A16	ca16	新闻	《芝加哥论坛报》：社会报告文学
B02	cb02	社论	《基督教科学箴言报》：社论

[①] 青少年、20 多岁、30 多岁、40 多岁，以及普通成年人。
[②] 20s 聊天室代表聊天者的年龄为 20 多岁。

续表

ID	文件名	类型	描述
⋮	⋮	⋮	⋮
R06	cr06	幽默	瑟伯：喜剧的未来（如果有的话）

可通过指定要读取的文件类别或文件名访问布朗语料库。

```
>>> from nltk.corpus import brown
>>> brown.categories()
['adventure', 'belles_lettres', 'editorial', 'fiction', 'government', 'hobbies',
'humor', 'learned', 'lore', 'mystery', 'news', 'religion', 'reviews', 'romance',
'science_fiction']
>>> len(_)                                        #一共有 15 种类型的文本
15
>>> brown.words(categories="humor")               #指定文件类型为 humor
['It', 'was', 'among', 'these', 'that', 'Hinkle', ...]
>>> brown.words(fileids=['ca16'])                 #指定文件名
['Romantic', 'news', 'concerns', 'Mrs.', 'Joan', ...]
>>> brown.sents(categories=['news', 'reviews'])   #一个子列表就是一个句子
[['The', 'Fulton', 'County', ...], ['The', 'jury', 'further', ...], ...]
```

布朗语料库是研究文章体裁差异的一种非常方便的资源。下面查看 7 个情态动词在不同体裁中的频率分布情况。

```
#待考查的情态动词(Modal Verbs)
>>> modals = ["can", "could", "may", "might", "must", "shall", "will"]
>>> news_text = brown.words(categories="news")    #类型为 news
#得到单词的频率分布(Frequency Distributions)
>>> fdist = nltk.FreqDist(w.lower() for w in news_text)
>>> for m in modals:
      print(m, ":", fdist[m], sep="", end=", ")
```

上述代码的输出结果：

can:94, could:87, may:93, might:38, must:53, shall:5, will:389,

接下来选择几个感兴趣的文本类型，并使用 NLTK 的条件频率分布。

```
>>> cats = brown.categories()
#g = genre,w = word
>>> cfd = nltk.ConditionalFreqDist((g, w) for g in cats for w inbrown.words
(categories=g))
>>> genres = ['news', 'religion', 'hobbies', 'romance', 'humor']
>>> cfd.tabulate(conditions=genres, samples=modals)
```

上述代码的输出结果，如图 4-1 所示。

通过观察可以发现，在 news 类型中最常见的情态动词是 will，而在 hobbies 类型中使用最频繁的情态动词是 can 和 will。这是否说明简单的单词计数可以区分文章的体裁呢？

```
                can  could  may  might  must  shall  will
         news    93    86    66    38    50      5   389
     religion    82    59    78    12    54     21    71
      hobbies   268    58   131    22    83      5   264
      romance    74   193    11    51    45      3    43
        humor    16    30     8     8     9      2    13
```

图 4-1　情态动词在不同体裁中的频率分布

4.3.4　路透社语料库

路透社语料库(Reuters Corpus)包含 10 788 份新闻文档,总计 130 万字。这些文档涉及 90 个主题,被划分为训练集(training)和测试集(test)。显然,文件编号(fileid)为 test/14826 的文档来自测试集。

```
>>> from nltk.corpus import reuters
>>> reuters.fileids()
['test/14826', 'test/14828', 'test/14829', 'test/14832', ...]
>>> reuters.categories()
['acq', 'alum', 'barley', 'bop', 'carcass',...]
```

与布朗语料库不同,路透社语料库中的类别(主题)相互重叠,这是因为一个新闻故事通常涵盖多个主题。

```
>>> reuters.categories('training/9864')       #查询单个文档涵盖的主题
['money-fx', 'trade']
>>> reuters.categories(['training/9865', 'training/9880']) #查询多个文档涵盖的主题
['barley', 'corn', 'grain', 'money-fx', 'wheat']
>>> reuters.fileids('corn')                   #查询单个类别包含的文档
['test/14832', ..., 'training/9989']
>>> reuters.fileids(['earn', 'corn'])         #查询多个类别包含的文档
['test/14832', ..., 'training/9995']
```

可以通过指定文档或类别,以返回想要的单词或句子。这些文档的开头是标题,按照惯例标题采用全大写形式。

```
>>> reuters.words("training/9866")[:10]                   #指定单个文档
['U', '.', 'S', '.', 'GOLD', 'EAGLE', 'SALES', 'PROJECTED', 'AT', '3']
>>> reuters.words(['training/9868', 'training/9880'])     #指定多个文档
['PONCE', 'FEDERAL', 'BANK', 'FSB', '&', 'lt', ';', ...]
>>> reuters.words(categories='earn')                      #指定单个类别
['AMATIL', 'PROPOSES', 'TWO', '-', 'FOR', '-', 'FIVE', ...]
>>> reuters.words(categories=['earn', 'corn'])            #指定多个类别
['THAI', 'TRADE', 'DEFICIT', 'WIDENS', 'IN', 'FIRST', ...]
```

4.3.5　就职演讲语料库

就职演讲语料库(Inaugural Address Corpus)实际上是一个由 55 篇文档组成的集合,每一篇文档对应着一位总统的一次就职演讲。

```
>>> from nltk.corpus import inaugural
>>> inaugural.fileids()
['1789-Washington.txt', '1793-Washington.txt', ...]
>>> [fileid[:4] for fileid in inaugural.fileids()]       #总统就职演讲的年份
['1789', '1793', '1797', '1801', '1805', '1809',...]
```

随着时间的推移，people 与 america 这两个词在美国总统的就职演讲中的使用情况发生了怎样的变化呢？

```
from nltk import ConditionalFreqDist as CFD
from nltk.corpus import inaugural as ig
cfd = CFD((target, fileid[:4]) for fileid in ig.fileids() for w in ig.words
(fileid) for target in ["people", "america"] if w.lower().startswith(target))
cfd.plot()
```

上述代码的执行结果如图 4-2 所示。

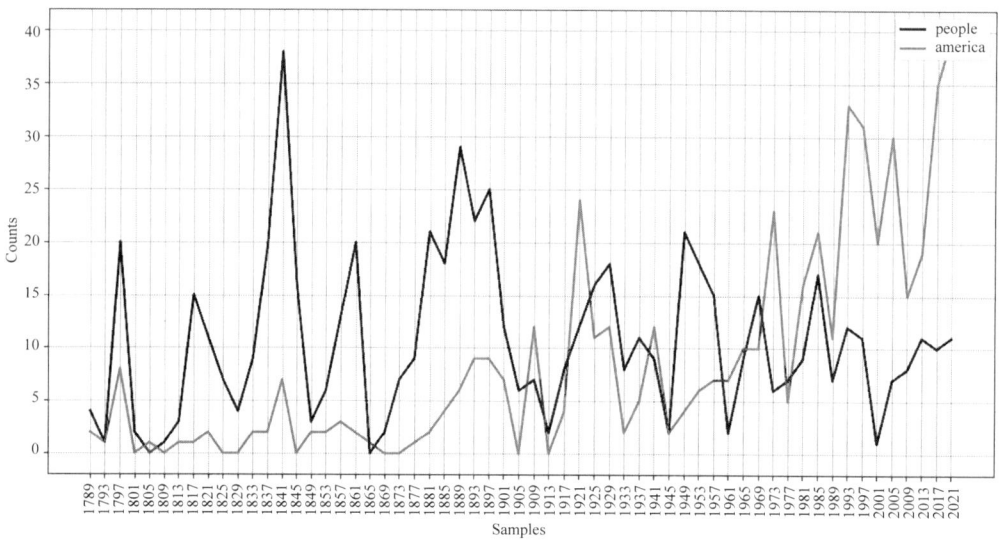

图 4-2　关于 people 与 america 的条件频率分布图

4.4　文本语料库

4.4.1　文本语料库概述

许多文本语料库包含语言注释，如词性标签、命名实体、句法结构（Syntactic Structures）、语义角色（Semantic Roles）等。NLTK 内置了对 113 个语料库以及已训练模型的支持，前面几节已进行了部分介绍。表 4-2 给出了 NLTK 内置的部分语料库。

表 4-2　NLTK 内置的部分语料库

语　料　库	内　　　容
布朗语料库（Brown Corpus）	15 种类型、115 万字、已标记、已分类
Chat-80 Data Files	世界地理数据库

续表

语 料 库	内 容
电影评论(Movie Reviews)	2000 条带有情感极性分类的电影评论
莎士比亚文本(Shakespeare)	8 本 XML 格式的书
停用词语料库(Stopwords Corpus)	11 种语言的 2400 个停用词
世界人权宣言语料库	480 000 个单词，300 多种语言
SentiWordNet	145 000 个 WordNet 同义词集的情感得分
单词表语料库(Wordlist Corpus)	8 种语言的 960 000 个单词和 20 000 个词缀
WordNet 3.0(English)	电子词典，有 145 000 个同义词集
问题分类(Question Classification)	6000 个已分类问题

另外，NLTK 还为许多其他种语言提供了语料库。在某些情况下，使用这些语料库之前，需要学习如何在 Python 程序中操作字符编码。

4.4.2 文本语料库的结构

语料库的结构有很多种，其中最简单的一种没有任何结构，它只是一些文本的集合，如古腾堡语料库。有些语料库依据语料的类型、来源、语言等进行分类。有时这些类别是相互重叠的，尤其是在主题类别的情况下，因为一个文本通常与多个主题相关。有的文本集合具有时间结构，新闻集合就是最常见的例子。

表 4-3 列出基本的 NLTK 语料库函数，可以使用命令 help(nltk.corpus.reader) 找到更多文档，或者阅读在线语料库 HOWTO。

表 4-3 基本的 NLTK 语料库函数

函 数 名	描 述
fileids()	语料库文件
fileids([categories])	与这些类别相对应的语料库文件
categories()	语料库类别
categories([fileids])	与这些文件相对应的语料库类别
raw()	语料库的原始内容
raw(fileids=[f1, f2, f3])	指定文件的原始内容
raw(categories=[c1, c2])	指定类别的原始内容
words()	整个语料库的单词
words(fileids=[f1, f2, f3])	指定 fileid 的单词
words(categories=[c1, c2])	指定类别的单词
sents()	整个语料库的句子
sents(fileids=[f1, f2, f3])	指定 fileid 的语句

续表

函 数 名	描 述
sents(categories=[c1, c2])	特定类别的句子
abspath(fileid)	给定文件在磁盘上的位置
encoding(fileid)	文件的编码（如果已知）
open(fileid)	打开流以读取给定的语料库文件
root	本地安装的语料库根目录的路径
readme()	语料库的自述文件

```
>>> from nltk.corpus import gutenberg
>>> raw = gutenberg.raw('austen-emma.txt')
>>> raw[1:20]
'Emma by Jane Austen'
>>> words = gutenberg.words('austen-emma.txt')
>>> words[1:10]
['Emma', 'by', 'Jane', 'Austen', '1816', ']', 'VOLUME', 'I', 'CHAPTER']
>>> sents = gutenberg.sents('austen-emma.txt')
>>> sents[1:3]
[['VOLUME', 'I'], ['CHAPTER', 'I']]
```

如果希望使用上述方法访问自己的文本文件集合，则可以在 NLTK 的 PlaintextCorpusReader[1] 帮助下加载它们。

```
>>> from nltk.corpus import PlaintextCorpusReader
>>> corpus_root = r"G:\NLP"              #语料库的根目录
>>> wordlists = PlaintextCorpusReader(corpus_root, ".*")[2]
>>> wordlists.fileids()                  #返回语料库的所有文件
['README.txt', 'file1.txt', 'file2.txt']
>>> wordlists.words('file1.txt')         #读取文件 file1.txt
['This', 'text', 'file', 'is', 'for', 'testing', ...]
>>> wordlists.words('file2.txt')         #读取文件 file2.txt[3]
['我们', '都', '是', '中国', '人']
```

当 nltk.corpus 模块被导入时，它会自动创建一组语料库读取器实例，这些实例可用于访问 nltk 内置的语料库。

```
>>> nltk.corpus.sentence_polarity
<CategorizedSentencesCorpusReader in '.../corpora/sentence_polarity' (not loaded yet)>
>>> nltk.corpus.nps_chat
```

---

[1] 语料库阅读器还有很多，如 TaggedCorpusReader。
[2] PlaintextCorpusReader() 函数的第二个参数可以是单个文件、文件列表，也可以是正则表达式。
[3] 已事先执行了中文分词操作。

```
<NPSChatCorpusReader in '.../corpora/nps_chat' (not loaded yet)>
```

4.5 小结

语料库是指经科学取样和加工的大规模电子文本库,其中存放着在实际使用过程中真实出现过的语言材料。语料库作为自然语言处理的最关键要素,决定着模型的选择、参数的设定与优化。NLTK 内置了对 113 个语料库以及已训练模型的支持,本章仅介绍其中几个最常用的语料库,分别是古腾堡语料库、网络文本语料库、即时消息聊天语料库、布朗语料库、路透社语料库和就职演讲语料库。NLTK 提供了许多语料库函数,如 fileids()、categories()、raw()、words()、sents()。

练 习 题

1. 简单地说什么叫作语料库?
2. 说出语料库的两个基本特征。
3. 至少说出一种 NLTK 内置语料库的名称。
4. 编写代码加载古腾堡语料库。
5. 编写代码查看古腾堡语料库中包含的文本文件的数量。
6. 说出 gutenberg.sents()函数的作用。
7. NLTK 中包含的网络文本数据是什么?
8. 查看情态动词 can 在布朗语料库各种体裁中出现的频率分布。
9. 编写代码查看路透社语料库中训练集的文件总数。
10. 编写代码查看路透社语料库中文件 training/9864 涵盖的主题(Topic)有哪些。
11. 编写代码查看就职演讲语料库中,总统就职演讲的最早年份和最晚年份。
12. 给出单词 citizen 在美国总统就职演讲中的使用趋势图。
13. 编写代码查看读取"Twitter 样本"(twitter_samples)需要使用的读取器。
14. 函数 raw(fileids=[f1,f2,f3])的功能是什么?

第 5 章 数据分析与可视化

本章重点介绍 NumPy(Numerical Python)、Pandas 和 Matplotlib 三个 Python 扩展库,如图 5-1 所示。NumPy 是科学计算的核心库。Pandas 是基于 NumPy 的数据分析工具。Matplotlib 是一款优秀的数据可视化 Python 第三方库。

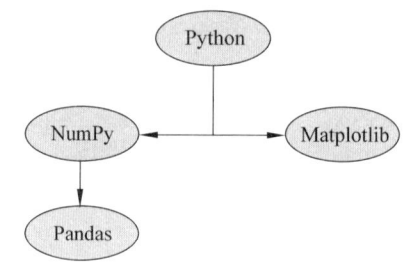

图 5-1　三个扩展库以及 Python 语言之间的关系

5.1　NumPy

NumPy 支持多维数组 ndarray 与矩阵运算,功能涵盖了随机数生成、线性代数等。NumPy 的首要任务是处理多维数组。多维数组是一个元素表,其所有元素都属于同种数据类型。

```
[[ 1., 0., 0.],
 [ 0., 1., 2.]]
```

NumPy 的维度被称为轴,上述数组由两个轴构成,第 1 个轴的长度等于 2,第 2 个轴的长度等于 3,因此这是一个 2 行 3 列的数组。ndarray 对象的主要属性如表 5-1 所示。

表 5-1　ndarray 对象的主要属性

属　　性	说　　明
ndarray.ndim	数组的维数(轴数)
ndarray.shape	数组的形状
ndarray.size	数组中元素的总数

续表

属　性	说　　明
ndarray.dtype	数组中元素的数据类型
ndarray.itemsize	数组中每个元素所占内存的字节数
ndarray.data	容纳数组元素的缓冲区，通常不使用此属性

```
>>> a = np.array([[0, 1, 2],         #数组类 ndarray 的别名 array
                  [3, 4, 5]])         #2 行 3 列的多维数组
>>> a.ndim                            #数组 a 的维数
2
>>> a.shape                           #数组 a 的形状
(2, 3)
>>> a.size                            #数组 a 的元素总数
6
>>> a.dtype                           #数组 a 中元素的数据类型
dtype('int32')
>>> a.itemsize                        #元素所占内存的字节数
4
```

获取函数、模块等的帮助信息，可使用 numpy.info() 函数，也可以使用 help() 函数。

```
>>> np.info(np.ndarray)               #输出结果省略
>>> help(np.random)                   #输出结果省略
```

使用 dir() 函数查看模块中包含的所有成员（属性与方法），以及支持的操作。

```
>>> dir(numpy)                        #输出结果省略
```

5.1.1　创建数组

创建 NumPy 数组主要有 4 种方法，分别是 array()、arange()、linspace() 和 logspace()。

```
>>> np.array((1.5, 2.0, 3.5))         #将元组转换为 NumPy 数组
array([1.5, 2. , 3.5])
>>> np.array(1, 2, 3)                 #初学者常犯的错误
>>> np.array([1, 2, 3])               #写法正确
>>> np.array([(1.5, 1, 2), (2, 3, 4)])  #得到 2 行 3 列 NumPy 二维数组
array([[1.5, 1. , 2. ],
       [2. , 3. , 4. ]])
>>> np.array(range(1, 4))             #将 range(1, 4) 转换为 NumPy 数组
array([1, 2, 3])
>>> np.array([[1, 2], [3, 4]], dtype=np.float32)   #指定元素的数据类型
```

NumPy 提供的 arange() 函数，其功能类似于 Python 内置函数 range()。

```
>>> np.arange(10, 30, 5)              #生成[10, 30)范围内步长为 5 的等差数组
array([10, 15, 20, 25])
>>> np.arange(0, 2, 0.3)              #步长为浮点数，这点与 range() 函数不同
```

```
array([0., 0.3, 0.6, 0.9, 1.2, 1.5, 1.8])
>>> np.arange(6).reshape(3, 2)          #得到一个3行2列的二维数组
array([[0, 1],
       [2, 3],
       [4, 5]])
```

使用linspace()[①]函数和logspace()函数分别创建等差和等比数组。

```
>>> np.linspace(0, 1, 5)                #生成[0,1]范围内5个浮点数组成的等差数组
array([0.  , 0.25, 0.5 , 0.75, 1.  ])
>>> np.logspace(0, 1, 5).round(3)       #生成由5个浮点数组成的等比数组
array([ 1.   ,  1.778,  3.162,  5.623, 10.   ])
```

上述代码中等比数组的5个浮点数，分别等于10的0次方、0.25次方、0.5次方、0.75次方和1次方。

3个特殊函数zeros()、ones()和empty()，分别生成全零数组、全1数组和空数组。

```
>>> np.zeros((2, 3))                    #生成2行3列的全零数组
array([[0., 0., 0.],
       [0., 0., 0.]])
>>> np.empty((2, 3))                    #生成2行3列的空数组，只申请内存空间
array([[0., 0., 0.],                    #不执行初始化操作，其元素值不确定
       [0., 0., 0.]])
```

5.1.2 算术运算与线性代数

数与数组、数组与数组之间的算术运算[②]，是在元素级别上进行的。

```
>>> a = np.array([3, 4, 5])
>>> b = np.array([1, 2, 3])
>>> a * 2
array([6, 8, 10])
>>> b > 2
array([False, False, True])
```

使用@运算符（Python版本号在3.5及以上）或dot()函数实现通常意义上的矩阵乘法。

```
>>>a = np.array([[1, 1],
                 [0, 1]])
>>>b = np.array([[2, 0],
                 [3, 4]])
>>>a * b                                #只是对应位置上的元素相乘
array([[2, 0],
       [0, 4]])
>>>a @ b                                #通常意义上的矩阵乘法，等价于a.dot(b)
```

---

① linspace指线性空间（Linear Space）。
② 算术运算包括加法、减法、乘法、除法、幂等。

```
array([[5, 4],
       [3, 4]])
```

通过指定轴参数 axis，使计算操作作用在指定的轴上，如图 5-2 所示。

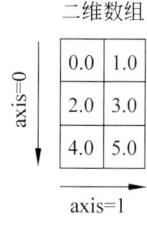

图 5-2　二维数组

```
>>> a = np.array([[0, 1],
                  [2, 3],
                  [4, 5]])
>>> a.mean(axis=None)              #数组所有元素的平均值，等价于 a.mean()
2.5
>>> a.mean(axis=0)                 #垂直于 x 轴的方向上求数组 a 的平均值
array([2., 3.])
>>> a.mean(axis=1)                 #垂直于 y 轴的方向上求数组 a 的平均值
array([0.5, 2.5, 4.5])
>>> a.std().round(3)               #标准差(Standard Deviation)
1.708
>>> a = np.array([[1, 4, 8],
                  [5, 1, 4],
                  [0, 7, 9]])
>>> np.sort(a, axis=None)          #先将数组扁平化，然后再排序
array([0, 1, 1, 4, 4, 5, 7, 8, 9]) #原数组不变，即不是原地排序(In-place)
>>> a.sort()                       #原地排序，数组被改变，等价于 a.sort(axis=1)
>>> a
array([[1, 4, 8],
       [1, 4, 5],
       [0, 7, 9]])
>>> a.cumsum(axis=1)               #垂直于 y 轴的方向上求累加和
array([[1, 5, 13],                 #累加的 cumulative
       [ 1, 5, 10],
       [ 0, 7, 16]], dtype=int32)
```

可使用 average()函数计算数组的加权平均。

```
>>> a = np.array([[0, 1, 2],
                  [3, 4, 5]])
>>> weight = [0.3, 0.7]            #权重数组
>>> np.average(a, axis=0, weights=weight)
array([2.1, 3.1, 4.1])
```

```
>>> a = np.array([[1., 2.],
                  [3., 4.]])
>>> a.transpose()                      #矩阵的转置(Transpose),等价于 a.T
array([[1., 3.],
       [2., 4.]])
>>> np.diagonal(a)                     #矩阵 a 的主对角线(Diagonal)
array([1., 4.])
>>> np.linalg.inv(a)                   #求逆(Inverse)矩阵
array([[-2. ,  1. ],                   #linalg=linear algebra 线性代数
       [ 1.5, -0.5]])
```

5.1.3 通用函数

NumPy 提供的通用函数包括 sin()、cos()、exp()等。这些函数的操作对象是数组中的元素而不是数组本身,而且生成一个新数组作为输出。

```
>>> a = np.array([0, 1, 2])
>>> np.exp(a).round(3)                 #求 e 的幂,指数为数组元素
array([1.   , 2.718, 7.389])
>>> a = np.random.rand(1, 3).round(3)  #生成 1 行 3 列[0, 1)内的随机数数组
>>> a
array([[0.044, 0.572, 0.454]])
>>> np.sin(a).round(3)
array([[0.044, 0.541, 0.439],
       [0.749, 0.107, 0.358]])
```

Python 语言的内置模块 random 有一个 randint()函数。

```
>>> import random
>>> a = random.randint(1, 5)           #生成[1, 5]范围内的随机整数
>>> a
4
>>> b = np.random.randint(1, 5)        #生成[1, 5)范围内的随机整数,不包括 5
>>> b
1
```

尽量使用 np.random.randint()函数,而不是 random.randint()函数,因为前者的效率更高。

函数 random.random()、np.random.random()、np.random.rand()和 np.random.randint()都能生成随机数。random()是内置模块 random 的一个函数,可生成[0,1)范围内的浮点数。

```
>>> random.random()
0.2611025605918177
```

函数 np.random.random()与 random.random()的功能相同。
np.random.rand()函数可创建具有指定形状的、[0,1]范围内的随机数数组。

```
>>> np.random.rand(3).round(3)              #创建1行3列的数组
array([0.417, 0.9  , 0.576])
>>> np.random.rand(1, 2)                    #创建1行2列的数组
array([[0.83704391, 0.15624938]])
```

np.random.randint()函数可创建具有指定形状的随机整数数组。

```
>>> np.random.randint(5, size=(2,4))        #生成2行4列[0, 5)范围内的整数数组
array([[4, 3, 0, 3],
       [3, 2, 1, 4]])
>>> np.random.randint(1, [3, 5])            #生成1行2列的整数数组
array([1, 2])                               #两个元素分别来自[1,3)和[1,5)
>>> np.random.randint([5, 7], 10)           #生成1行2列的整数数组
array([5, 8])                               #两个元素分别来自[5,10)和[7,10)
```

NumPy 的常用函数还包括 add()、sqrt()、var()、np.random.choice()、square()、sign()、log()、floor()、argmax()、argmin()等。

5.1.4 索引、切片和迭代

类似于 Python 语言的字符串、列表和元组，一维数组也可以被索引、切片和迭代。

```
>>> a = np.array([5, 6, 7, 8, 9])
>>> a[2]
7
>>> a[2:4]
array([7, 8])
>>> a[::-1]                                 #将数组a逆序输出
array([9, 8, 7, 6, 5])
>>> a                                       #数组a本身并没改变
array([5, 6, 7, 8, 9])
>>> for i in a:                             #迭代，输出省略
       print(i ** (1/2))
```

多维数组的每个轴对应一个索引，这些索引之间以逗号分隔。

```
>>> a = np.array([[ 0,  1,  2,  3],
                  [10, 11, 12, 13],
                  [20, 21, 22, 23],
                  [30, 31, 32, 33]])
>>> a[2, 3]                                 #得到第3行第4列的元素
23
>>> a[0:4, 1]                               #得到第2列第1~4行的所有元素
array([ 1, 11, 21, 31])
>>> a[:, 1]                                 #得到第2列的所有元素，等价于a[0:4, 1]
array([ 1, 11, 21, 31])
```

假如数组 a 有 3 个轴，a[-1]等价于 a[-1, :, :]。也就是说，如果只指定前面几个轴，后面的轴不指定的话，那么切片将包含剩余轴上的所有元素，此时也可以用"…"表示剩余轴上

的所有元素。

```
>>> a[-1]                                    #数组 a 的最后一行
array([30, 31, 32, 33])
>>> a[-1, :]                                 #等价于 a[-1]
array([30, 31, 32, 33])
>>> a[-1, ...]                               #等价于 a[-1]和 a[-1, :]
array([30, 31, 32, 33])
```

"…"具有伸缩性，它可自动生成代码所需的任意多个冒号。假如数组 x 有 5 个轴，则：
(1) x[1, 2, …]等价于 x[1, 2, :, :, :]；
(2) x[4, …, 5, :]等价于 x[4, :, :, 5, :]。

除了通过整数或切片进行索引外，还可以使用整数数组进行索引。

```
>>> a = np.array( [ 0, 1, 4, 9, 16, 25])
>>> i = np.array( [1, 1, 5, 3] )
>>> a[i]                                     #数组 a 中位置 i 处的元素
array( [ 1, 1, 25, 9] )
>>> i = np.array( [ [3, 4], [2, 3] ] )       #二维索引数组
>>> a[i]                                     #数组 a[i]与数组 i 的形状相同
array([[ 9, 16],
       [ 4, 9]])
```

借助于布尔索引可以显式地指定数组中需要的项和不需要的项。

```
>>> a = np.array([[ 0,  1,  2,  3],
                  [ 4,  5,  6,  7],
                  [ 8,  9, 10, 11]])
>>> b = a > 4
>>> b                                        #布尔数组 b 与数组 a 的形状相同
array([[False, False, False, False],
       [False,  True,  True,  True],
       [ True,  True,  True,  True]])
>>> a[b]
array([5,  6,  7,  8,  9, 10, 11])           #返回由选定元素组成的一维数组
>>> a[b] = 0                                 #将布尔索引与赋值操作相结合
>>> a
array([[0, 1, 2, 3],
       [4, 0, 0, 0],
       [0, 0, 0, 0]])
```

使用布尔索引指定数组的维度：

```
>>> a = np.array([[ 0,  1,  2,  3],
                  [ 4,  5,  6,  7],
                  [ 8,  9, 10, 11]])
>>> b1 = np.array([False, True, True])
>>> a[b1]                                    #选择数组的第 2 行和第 3 行
array([[4,  5,  6,  7],
```

```
        [ 8,  9, 10, 11]])
>>> b2 = np.array([True, False, True, False])
>>> a[:, b2]                          #选择数组的第1列和第3列
array([[ 0,  2],
       [ 4,  6],
       [ 8, 10]])
>>> a[b1, b2]                         #得到主对角线上的元素,第2、3行与第1、3列
array([ 4, 10])
```

在默认情况下,迭代操作是在多维数组的第1个轴进行的。

```
>>> a = np.array([[ 0,  1,  2,  3],
                  [10, 11, 12, 13]])
>>> for row in a:
       print(row)
```

上述代码的输出结果:

```
[0 1 2 3]
[10 11 12 13]

>>> a = np.array([[0, 1, 2],
                  [3, 4, 5]])
>>> for ele in a.flat:                #属性flat可将多维数组扁平化为一维数组
       print(ele, end=" ")            #属性flat并不改变原数组的形状
```

上述代码的输出结果:

```
0 1 2 3 4 5
```

5.1.5　形状变换

数组的形状(Shape)由各个轴以及轴上的元素个数决定。

```
>>> a = np.array([[0, 1],
                  [2, 3],
                  [4, 5]])
>>> a.shape
(3, 2)
```

可通过各种命令更改数组的形状[1]。ravel()、reshape()以及转置(.T)都返回修改后的数组,但不改变原数组。

```
>>> a.ravel()                         #返回扁平化的数组
array([0, 1, 2, 3, 4, 5])
>>> a.reshape(2, 3)                   #由3行2列转换为2行3列的新数组
array([[0, 1, 2],
       [3, 4, 5]])
```

---

[1] 数组的扁平化,既可以使用数组的flat属性,也可以使用数组的ravel()方法。

```
>>> a.T                                    #转置(Transpose)
array([[0, 2, 4],
       [1, 3, 5]])
```

读者自行验证原数组 a 并没有发生改变。resize()方法也可以改变数组的形状,不同之处是它改变数组本身。当改变数组的形状时,如果将某个维度指定为-1,则系统会自动推导该维度的长度。

```
>>> a = np.array([0, 1, 2, 3, 4, 5])
>>> a.reshape(3, -1)                       #根据第 1 维的长度 3,推导出第 2 维的长度 2
array([[0, 1],
       [2, 3],
       [4, 5]])
```

5.1.6　堆叠与分割

两个数组既可以沿着水平方向堆叠在一起,也可以沿着垂直方向堆叠在一起。

```
>>> a = np.array([[4, 3],
                  [9, 3]])
>>> b = np.array([[7, 0],
                  [9, 5]])
>>> np.hstack((a, b))                      #水平堆叠(Horizontal)
array([[4, 3, 7, 0],
       [9, 3, 9, 5]])
>>> np.column_stack((a, b))
array([[4, 3, 7, 0],
       [9, 3, 9, 5]])
>>> np.c_[a, b]                            #c = column 列
array([[4, 3, 7, 0],
       [9, 3, 9, 5]])
>>> np.vstack((a, b))                      #垂直堆叠(Vertical)
array([[4, 3],                             #尝试代码 np.r_[a, b],r = row 行
       [9, 3],                             #尝试代码 np.row_stack((a, b))
       [7, 0],
       [9, 5]])
```

函数 np.hstack()、np.vstack()、np.row_stack()和 np.column_stack(),以及两个 CClass 实例 np.r_与 np.c_的用法非常灵活,读者没有把握时要多实践。

数组能堆叠在一起,也能拆开。水平分割用 hsplit()函数;垂直分割用 vsplit()函数;既水平分割又垂直分割用 array_split()函数。

5.1.7　广播

广播(Broadcasting)用于解决在不同形状的数组之间进行算术运算的问题。在某些约束条件下,较小的数组在较大的数组上"广播",以使两个数组的形状相互兼容。

```
>>> a = np.array([[0],
```

```
                        [1],
                        [2]])
>>> b = np.array([0, 1, 2])
>>> a + b
array([[0, 1, 2],
       [1, 2, 3],
       [2, 3, 4]])
```

上述两个数组的加法,其计算过程如下。

```
array([   [0 + 0, 0 + 1, 0 + 2]
          [1 + 0, 1 + 1, 1 + 2]
          [2 + 0, 2 + 1, 2 + 2]    ])
```

5.2 Pandas

Pandas 拥有 Series 和 DataFrame 两种重要的数据结构,如表 5-2 所示,可用于对噪声数据等进行清洗,以方便后续的数据分析与处理。

表 5-2 Pandas 的两种数据结构

名 称	维 度	说 明
Series	一维	带有标签的同种数据类型组成的一维数组。与 list 和 numpy.array 类似,但是 list 中的元素可以是不同的数据类型;而 array 与 Series 只允许存储相同的数据类型
DataFrame	二维	带有标签的异种数据类型组成的二维数组

5.2.1 Series

1. 创建 Series

创建 Series 的基本语法格式如下。

```
pandas.Series(data=None, index=None, name=None)
```

- data:输入数据,接收 array 或 dict;
- index:索引,接收 array 或 list,必须与数据 data 的长度相同;
- name:Series 对象的名称,接收字符串。

(1) 参数 data 是 NumPy 数组。

```
>>>import pandas as pd
>>>s = pd.Series(np.arange(3), index=['a', 'b', 'c'], name='ndarray')
>>>print(s)
```

上述代码的输出结果:

```
a    0
b    1
c    2
```

```
Name: ndarray, dtype: int32
```

（2）参数 data 是字典。

```
>>>dt = {'b':3, 'a':1, 'c':2}
>>>s = pd.Series(dt)              #字典的键用作 Series 的索引
>>>print(s)                       #字典的值用作 Series 的值
```

上述代码的输出结果：

```
b    3
a    1
c    2
```

（3）参数 data 是列表。

```
>>>lt = [2, 1, 4]
>>>s = pd.Series(lt, index=['b', 'c', 'a'])
>>>print(s)
```

上述代码的输出结果：

```
b    2
c    1
a    4
```

2. Series 属性

```
>>> print("values:", s.values)        #序列的值
values: [2 1 4]
>>> print("index:", s.index)          #序列的索引
index: Index(['b', 'c', 'a'], dtype='object')
>>> print("dtype:", s.dtype)          #序列元素的数据类型
dtype: int64
>>> print("shape:", s.shape)          #序列的形状
shape: (3,)                            #3 行 1 列
>>> print("nbytes:", s.nbytes)        #序列所占的内存空间[①]
nbytes: 24
>>> print("ndim:", s.ndim)            #序列的维数
ndim: 1
>>> print("size:", s.size)            #序列元素的总数
size: 3
```

3. 访问 Series 中的元素

```
>>> s = pd.Series([1, 5, 3], index=['c', 'd', 'e'])
>>> s[1]                              #通过下标访问
5
>>> s['e']                            #通过索引访问
3
```

[①] 一个元素占 64/8＝8（字节），而序列中一共有 3 个元素，因此序列所占的内存空间为 3＊8＝24（字节）。

4. Series 的追加操作

```
>>> s1 = pd.Series([3, 1, 2], index = ['b', 'c', 'a'])
>>> s2 = pd.Series([4, 1], index = ['e', 'd'])
>>> s1.append(s2)
>>> s1            >>> s2          返回的新序列：
b    3            e    4          b    3
c    1            d    1          c    1
a    2                            a    2
                                  e    4
                                  d    1
```

读者可以验证,执行上述代码返回一个新序列,而原序列 s1 和 s2 都保持不变。

5. 删除 Series 中的元素,使用 drop()方法

```
>>> s1 = pd.Series([3, 1, 2], index = ['b', 'c', 'a'])
>>> s1
b    3
c    1
a    2
>>> s1.drop('c', inplace=True)        #删除索引 c 对应的数据
>>> s1                                #原地删除(In-place)
b    3
a    2
```

6. 修改 Series 中元素的值

```
>>> s = pd.Series([1, 5, 3], index=['c', 'd', 'e'])
>>> s['e'] = 4
修改前：           修改后：
c    1            c    1
d    5            d    5
e    3            e    4
```

5.2.2 DataFrame

DataFrame 类似于数据库中的表,它既有行索引,又有列索引。DataFrame 可看作由 Series 组成的字典,一个 Series 构成 DataFrame 的一行。

1. 创建 DataFrame

DataFrame()函数用于创建 DataFrame 对象,其基本语法格式如下。

```
pandas.DataFrame(data=None, index=None, columns=None, dtype=None, copy=False)
```

- data：输入数据,接收 ndarray、dict、list 等；
- index：行索引,接收 ndarray 等；
- columns：列索引,接收 ndarray 等。

(1) 通过字典创建 DataFrame。

```
>>> import pandas as pd
```

```
>>> dt = {'col1': [0, 1, 5], 'col2': [3, 6, 7]}
>>> pd.DataFrame(dt, index=['b', 'c', 'a'])
   col1  col2
b     0     3
c     1     6
a     5     7
```

(2) 通过列表创建 DataFrame。

```
>>> lt = [[0, 3], [1, 6], [5, 7]]
>>> pd.DataFrame(lt, index = ['b', 'c', 'a'], columns = ['col1', 'col2'])
   col1  col2
b     0     3
c     1     6
a     5     7
```

(3) 通过 Series 创建 DataFrame。

```
>>> s1 = pd.Series(["b", "a", "c"])
>>> s2 = pd.Series(["Mon", "Tue", "Wed"])
>>> pd.DataFrame([s1, s2])              #注意写法
     0    1    2
0    b    a    c
1  Mon  Tue  Wed
```

2. DataFrame 的属性

DataFrame 的常用属性有 values、index、columns、dtypes、axes、ndim、size 和 shape。

```
>>> df = pd.DataFrame({'col1': [0, 1, 5], 'col2': [5, 6, 7]}, index = ['a', 'b', 'c'])
>>> df
   col1  col2
a     0     5
b     1     6
c     5     7
>>> df.index                #行标签
Index(['a', 'b', 'c'], dtype='object')
>>> df.columns              #列标签
Index(['col1', 'col2'], dtype='object')
>>> df.ndim                 #维数
2
>>> df.shape                #形状
(3, 2)
```

3. 访问 DataFrame

head() 和 tail() 方法分别用于访问 DataFrame 前 n 行和后 n 行数据，n 默认值为 5。

```
>>> df = pd.DataFrame({'col1': [0, 1, 5], 'col2': [5, 6, 7]}, index = ['a', 'b', 'c'])
>>> df
```

```
        col1  col2
a        0     5
b        1     6
c        5     7
>>> df.head(1)                      #第1行
        col1  col2
a        0     5
>>> df.tail(2)                      #最后1行
        col1  col2
c        5     7
```

4. 更新、插入和删除 DataFrame

```
>>> df = pd.DataFrame({'col1': [0, 1, 5], 'col2': [5, 6, 7]}, index = ['a', 'b', 'c'])
    >>> df['col1'] = [10, 11, 15]
    更新 col1 列前:          更新 col1 列后:
    col1  col2                col1  col2
a    0     5              a    10    5
b    1     6              b    11    6
c    5     7              c    15    7
```

采用赋值的方式插入新列。

```
>>> df = pd.DataFrame({"Note" : ["b", "c", "a"], "Weekday": ["Mon", "Tue", "Wed"]})
>>> df["No."] = pd.Series([1, 5, 3])
插入前:              插入后:
   Note Weekday         Note Weekday  No.
0   b    Mon         0   b    Mon     1
1   c    Tue         1   c    Tue     5
2   a    Wed         2   a    Wed     3
```

删除列有 3 种方法,分别是 del、pop()、drop(),其中 drop()方法在默认情况下不是原地删除,即参数 inplace=False。

```
del df["Weekday"]
df.pop("Weekday")
df.drop(['Weekday'], axis=1, inplace=True)
df.drop(columns=["Weekday"], inplace=True)
```

上述 4 个语句的执行效果是相同的。删除 Weekday 列后,数据框架 df 如下。

```
   Note  No.
0   b     1
1   c     5
2   a     3
```

另外,Pandas 允许导入和导出各种类型的数据,如 CSV[①]、JSON[②]、Excel、TXT。Pandas 读取文件的一般语法为 pd.read_<type>(),如读取 CSV 文件的方法为 pd.read_

[①] CSV(Comma-Separated Values),逗号分隔值。
[②] JSON(Java Script Object Notation),JS 对象简谱是一种轻量级的数据交换格式。

csv()。写文件的一般语法为 pd.to_<type>()，如写 CSV 文件的方法为 pd.to_csv()。

5.3 Matplotlib

Matplotlib 能够绘制静态和动态图形，甚至还能进行交互可视化，本章只涉及静态图形的绘制。Matplotlib 能够绘制的各种图形参见其官方网站。Matplotlib 由各种可视化类构成，其中 matplotlib.pyplot 是最常用的，它是绘制各种图形的命令子库。pyplot 提供的绘图函数，如表 5-3 所示。

表 5-3　pyplot 提供的绘图函数

函　　数	说　　明
bar(x, height, width=0.8)	绘制条形图（Bar）
boxplot(x)	绘制箱形图（Boxplot）
contour([x, y,] z, [levels])	绘制等高线图（Contour）
hist(x)	绘制直方图（Histogram）
pie(x)	绘制饼图（Pie）
plot(x, y, ...)	绘制线图
plot_date(x, y)	绘制包含日期的图形
polar(theta, r)	绘制极坐标图
scatter(x, y)	绘制散点图（Scatter）

```
>>> import matplotlib.pyplot as plt      #加载 matplotlib.pyplot 并起别名 plt
>>> plt.plot([2, 4])                     #绘制一条直线，如图 5-3 所示
>>> plt.show()                           #显示图形
```

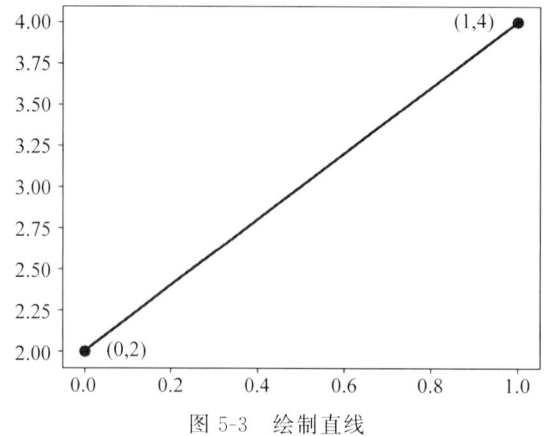

图 5-3　绘制直线

上述 plot()函数只有一个参数,它将数组[2,4]作为 Y 轴,该数组的索引[0,1]作为 X 轴绘制一条直线。使用 savefig()函数将绘制的图形存储为文件,其默认格式为 PNG[①]。可通过参数 dpi[②] 修改图形的输出质量。

```
plt.savefig("文件名", dpi=600)          #通常 dpi 值越大,输出的图形质量越高
```

5.3.1 绘制线图

绘制线图使用函数 plot()。

```
>>> plt.plot([1, 2, 4], [3, 6, 7])       #以[1, 2, 4]为 X 轴,[3, 6, 7]为 Y 轴
```

上述代码绘制一条经过(1,3)、(2,6)和(4,7)三个点的折线,如图 5-4 所示。

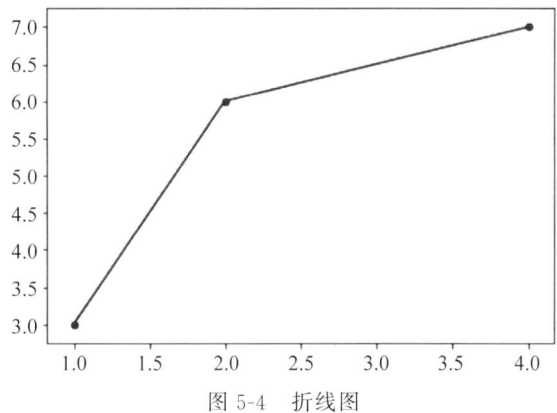

图 5-4　折线图

plot()函数的基本语法格式为

```
plot(x, y, format_string, **kwargs③)
```

- x:X 轴上的数据,可选参数,接收列表或元组;
- y:Y 轴上的数据,必选参数,接收列表或元组;
- format_string:格式字符串,可选参数,默认值为 b-,即一条蓝色实线;
- **kwargs:两组或更多组参数(x, y, format_string)。

下列代码在一个 plot()函数中绘制 4 条直线,如图 5-5 所示。

```
import numpy as np
import matplotlib.pyplot as plt
a = np.arange(5)
plt.plot(a, a * 2, '-', a, a * 4, '--', a, a * 6, '-.', a, a * 8, ':')
plt.show()
```

格式字符串 format_string 由颜色字符、标记字符和样式字符 3 部分组成。颜色字符的取值参见表 5-4;标记字符的取值参见表 5-5,显示效果参见图 5-6;样式字符的取值参见

---

① PNG(Portable Network Graphics),便携式网络图形。
② DPI(Dots Per Inch),每英寸点数。
③ kwargs 代表关键字参数(Keyword Arguments)。

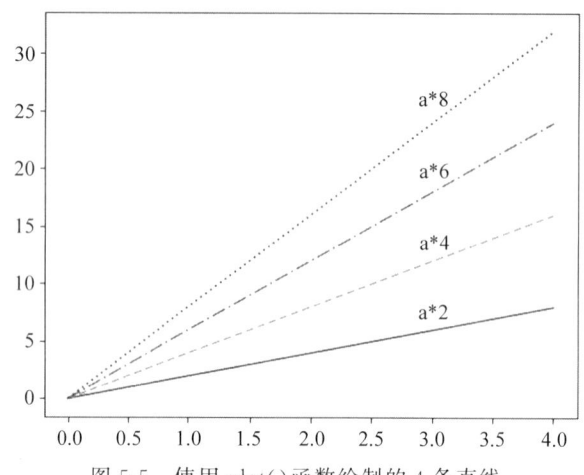

图 5-5 使用 plot()函数绘制的 4 条直线

表 5-6。颜色字符、标记字符和样式字符三者可以任意搭配使用。

表 5-4 颜色字符

颜色字符	说　　明	颜色字符	说　　明
b	蓝色(Blue)	m	洋红色(Magenta)
g	绿色(Green)	y	黄色(Yellow)
r	红色(Red)	k	黑色(Black)
c	青绿色(Cyan)	w	白色(White)

表 5-5 标记字符

标记字符	说　　明	标记字符	说　　明	标记字符	说　　明
'.'	点标记	'2'	上花三角	'+'	加号标记
','	像素标记	'3'	左花三角	'x'	x 标记
'o'	圆圈	'4'	右花三角	'D'	菱形(Diamond)
'v'	倒三角	's'	正方形(Square)	'd'	瘦菱形
'^'	上三角	'p'	五角形(Pentagon)	'|'	垂线标记
'<'	左三角	'*'	星形	'_'	横线标记①
'>'	右三角	'h'	竖六边形(Hexagon)		
'1'	下花三角	'H'	横六边形		

表 5-6 样式字符

样式字符	说明	样式字符	说明	样式字符	说明
-	实线	-.	点横线	''②	无线段
--	双横线	:	虚线		

---

① 横线标记是一个下画线"_"，而不是连字符"-"。
② 此处英文单引号或双引号里面是空或者空格，都可以。

图 5-6 标记字符

下列代码演示样式字符的使用,效果如图 5-7 所示。

```
a = np.arange(5)
plt.plot(a, a * 2, 'go-')          #绿色、圆圈标记、实线
plt.plot(a, a * 4, 'rx--')         #红色、x 标记、双横线
plt.plot(a, a * 6, 'y*-.')         #黄色、星形标记、点横线
plt.plot(a, a * 8, 'b^:')          #蓝色、上三角标记、虚线
plt.plot(a, a * 10, 'ms')          #洋红色、正方形标记,无线段
plt.show()
```

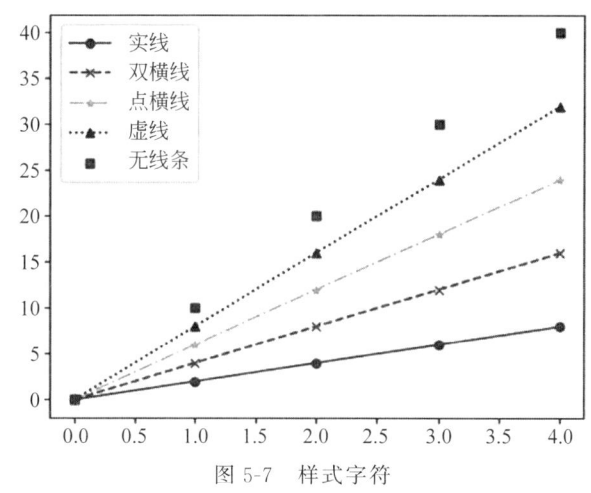

图 5-7 样式字符

很多时候用户希望能绘制各式各样的线,应该怎样设置线的属性呢?

第 1 种方法:使用关键字参数。

```
plt.plot(x, y, linewidth=2.5)      #线宽 linewidth,简写为 lw
```

第 2 种方法:使用 Line2D 实例的设置器(Setter),如 set_marker()、set_linewidth()。
第 3 种方法:使用 setp()方法。
有兴趣的读者可自行查阅资料,学习使用第 2 种和第 3 种设置方法。

5.3.2 中文字体

Matplotlib 在默认情况下并不支持中文。使用中文字体的方法有如下两种。
第 1 种方法:直接修改 Matplotlib 的全局变量 rcParams[①]。

---

① rcParams(runtime configuration Parameters,运行时配置参数)。

```
>>>from matplotlib import rcParams              #导入 rcParams
>>>rcParams["font.family"] = "SimHei"           #设置中文字体为黑体 SimHei
>>> rcParams['font.size'] = 14                  #设置字号为 14 磅
>>> rcParams['font.style'] = 'italic'           #设置字体风格为斜体
```

rmParams 字典中包含的、与字体有关的属性如表 5-7 所示；常用的中文字体如表 5-8 所示。另外，表 5-9 给出了中英文字号对照。

表 5-7　字典 rmParams 中与字体有关的属性

属　　性	说　　明
font.family	字体名称
font.style	字体风格，取值为 normal(正常)或者 italic(斜体)
font.size	字号，取值为整数

表 5-8　常用的中文字体

中文字体	说　明	中文字体	说　明	中文字体	说　明
SimHei	黑体	LiSu	隶书	YouYuan	幼圆
Kaiti	楷体	FangSong	仿宋	STSong	华文宋体

表 5-9　中英文字号对照

中文字号	英文字号(磅)	中文字号	英文字号(磅)	中文字号	英文字号(磅)	中文字号	英文字号(磅)
小五	9	小四	12	小三	15	小二	18
五号	10.5	四号	14	三号	16	二号	22

第 2 种方法：使用函数参数 fontproperties 指定中文字体。

```
#设置 X 轴的标签,字体为楷体 Kaiti,字号为 18 磅
>>>plt.xlabel("横轴(时间)", fontproperties="Kaiti", fontsize=18)
```

虽然使用第 1 种方法很方便，但是在绘制的图形中只能使用同一种字体。

5.3.3　输出文本

在绘制的图形中输出文本，可使用 pyplot 的文本显示函数，如表 5-10 所示。执行下列代码在坐标(3,2)处输出文字 Hello。为了便于看清点的位置，可使用函数 plt.grid(True) 在图形中显示网格线。

表 5-10　文本显示函数

函　　数	说　　明	函　　数	说　　明
xlabel()	设置 X 轴的标签	xticks()	设置 X 轴的刻度位置及标签
ylabel()	设置 Y 轴的标签	yticks()	设置 Y 轴的刻度位置及标签
title()	设置图标题	suptitle()	设置多个子图的图标题
legend()	显示图例	text()	在任意位置添加说明文字
annotate()	在任意位置添加带箭头的说明文字		

```
>>>plt.xlim([0, 2])
>>>plt.ylim([0, 3])
>>> plt.text(3, 2, "Hello", size=18)          #在坐标(3,2)处输出文字 Hello
```

在 Matplotlib 中可以使用 Tex 表达式。假如想在图标题中输出 $\sigma_i=1$，则将 Tex 表达式放在符号 $ $ 之间即可。

```
plt.title(r"$\sigma_i=1$")                     #注意添加 r 修饰符,r 指 raw,原始的
```

举例如下：

```
from matplotlib import rcParams
rcParams['font.family'] = 'LiSu'               #字体为隶书
rcParams['font.size'] = 16                     #字号为 16 磅
#为了正常显示图形中的负号,如-1
plt.rcParams['axes.unicode_minus'] = False
t = np.arange(0, 5, 0.01)
plt.plot(t, np.cos(2 * np.pi * t), 'b--', label="余弦曲线")
plt.annotate('局部极大值', xy=(2, 1), xytext=(2.5, 1.5), arrowprops=dict
(facecolor='black', shrink=0.1))
#设置 X 轴的取值[0, 5],Y 轴的取值[-1.5, 2]①
plt.axis([0, 5, -1.5, 2])
plt.xlabel("横轴(时间)", color="blue", fontsize=20)
plt.ylabel("纵轴(振幅)", color="blue", fontsize=20)
#图标题为楷体,字号为 20 磅
plt.title("余弦$y=cos(2\pi t)$", fontproperties="Kaiti", fontsize=20)
plt.grid(True)                                 #显示网格线
plt.legend(loc="upper left")                   #生成图例
plt.show()
```

上述代码的输出结果如图 5-8 所示，图中使用了两种中文字体，即隶书和楷体。

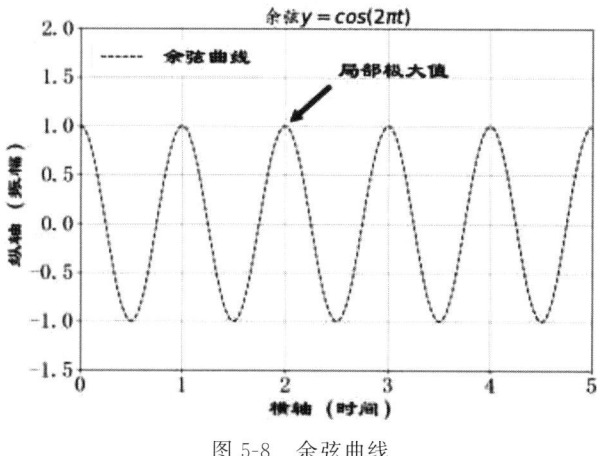

图 5-8　余弦曲线

---

①　也可以使用函数 plt.xlim([0, 5])设置 X 轴的取值范围,plt.ylim([−1.5, 2])设置 Y 轴的取值范围。

各种文本属性的设置除了使用关键字参数,还可以使用设置器(Setter),如表 5-11 所示。输出图形时如果不想显示坐标轴,则需要执行命令 plt.axis('off')。

表 5-11 文本属性设置器

设 置 器	功 能	设 置 器	功 能
set_xticks()	设置 X 轴的刻度	set_yticklabels()	设置 Y 轴的刻度标签
set_yticks()	设置 Y 轴的刻度	set_xlim()	设置 X 轴的取值范围
set_xticklabels()	设置 X 轴的刻度标签	set_ylim()	设置 Y 轴的取值范围

下面通过一个例子,演示各种文本设置器的使用。

```
rcParams['font.size'] = 18
rcParams['font.family'] = 'Kaiti'
#为了正常显示图形中的负号,如-1
plt.rcParams['axes.unicode_minus'] = False
x = np.arange(0, 2 * np.pi, 0.05)
fig = plt.figure()
#在图形 fig 中添加坐标轴,其左下角位于点(0, 0),长和宽各占绘图窗口的 80%
ax = fig.add_axes([0, 0, 0.8, 0.8])
ax.plot(x, np.cos(x), '--', lw=2)
ax.set_xlabel('角度')                       #设置 X 轴的标签
ax.set_title('余弦曲线')                    #设置图标题
ax.set_xticks([0, 2, 4, 6])                 #设置 X 轴的刻度
#修改 X 轴的刻度标签,否则为 0、2、4、6
ax.set_xticklabels(['zero','two','four','six'])
ax.set_yticks([-1, 0, 1])                   #设置 Y 轴的刻度
plt.show()
```

上述代码的输出结果,如图 5-9 所示。

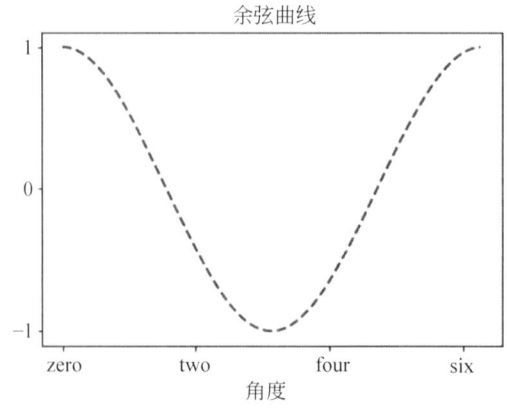

图 5-9 各种文本设置器的使用

5.3.4 绘制子图

figure()函数是可选的,在默认情况下系统会自动创建一个图形,即自动执行代码 plt.figure(1)。figure()函数的参数是图序号。每调用 figure()函数一次就会创建一个图形。一个图形还可以包含多个子图。创建子图使用 subplot()函数,其基本的语法格式如下。

```
plt.subplot(num_rows, num_cols, plot_number)
```

上述代码创建了 num_rows 行、num_cols 列个子图,即创建了 num_rows * num_cols 个子图,当前绘制的子图是第 plot_number 个。显然,plot_number 的取值范围是[1, num_rows * num_cols]。当 num_rows * num_cols < 10 时,subplot()函数中的两个逗号都可以省略,因此(2,1,1)可简写为(211)。下面给出一个关于子图的例子。

```
def f(t):
    return np.exp(-t) * np.cos(2 * np.pi * t)
n = np.arange(0, 5, 0.02)
plt.figure()                    #等价于 plt.figure(1)
plt.subplot(2, 1, 1)            #等价于 plt.subplot(211)
plt.plot(n, np.cos(2 * np.pi * n), 'b-')
plt.subplot(2, 1, 2)            #等价于 plt.subplot(212)
plt.plot(a, f(a), 'r--')
plt.show()
```

上述代码的输出结果如图 5-10 所示。

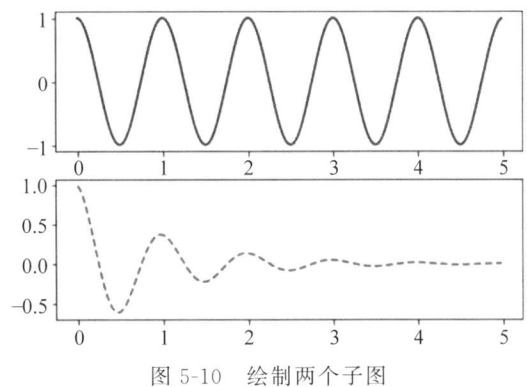

图 5-10 绘制两个子图

5.3.5 饼图、散点图和直方图

本节对饼图(Pie)、散点图(Scatter)和直方图(Histogram)进行简单讲解。首先学习绘制饼图。

```
rcParams['font.family'] = 'YouYuan'        #字体幼圆
rcParams['font.size'] = 18                 #字号 18 磅
labels = "工人","农民","知识分子","其他"      #楔块的标签
sizes = [30, 45, 15, 10]                   #楔块的占比
explode = [0, 0, 0.1, 0]                   #楔块向外伸出的比例(半径的百分比)
```

```
plt.pie(sizes, explode=explode, labels=labels, autopct="%.1f%%", shadow=False,
startangle=90)
plt.show()
```

上述代码的输出结果如图 5-11 所示。shadow 表示阴影,取值为 False。注意,两个 % 才能输出一个 %。%.1f 是输出格式字符串,输出带有 1 位小数的浮点数。

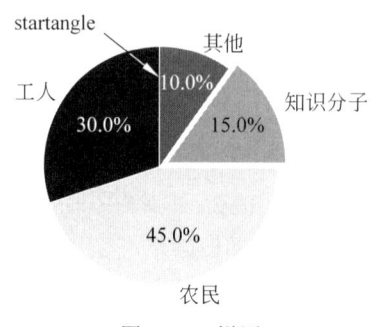

图 5-11 饼图

绘制简单的散点图可使用 plot() 函数,点与点之间不用线段连接即可。绘制复杂的散点图需要使用 scatter() 函数,示例代码如下。

```
rcParams['font.size'] = 18
np.random.seed(42)                    #指定随机数种子,以便重现随机数序列
N = 50
x = np.random.rand(N)                 #生成 50 个[0, 1)范围内的随机数
y = np.random.rand(N)
colors = np.random.rand(N)
area = 200 * np.random.rand(N)
#数据点的尺寸为 s,颜色为 c,透明度为 alpha(0 代表透明,1 代表不透明)
plt.scatter(x, y, s=area, c=colors, alpha=0.5)
plt.title("Scatter Plot")             #图标题
plt.show()
```

上述代码的输出结果如图 5-12 所示,该图包含 50 个点,每个点的颜色是随机的[①]。

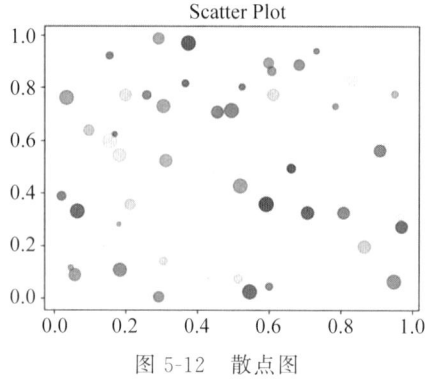

图 5-12 散点图

---

① 如果一个数据点的颜色值是 0.35,那么系统将该数据点颜色的 RGB 值都设置为 0.35。

下面学习绘制直方图,示例代码如下。

```
rcParams['font.family'] = 'YouYuan'      #幼圆字体
rcParams['font.size'] = 18               #字号18磅
np.random.seed(42)                       #指定随机数种子,可重现随机数序列
#随机抽取均值为100、标准差为20的正态分布的100个数据点
a = np.random.normal(loc=100, scale=20, size=100)
#将数组a的数据放入20个数据箱,直方图的类型为histtype,颜色为facecolor
plt.hist(a, 20, histtype='stepfilled', facecolor='b')
plt.title('直方图')
plt.show()
```

上述代码的输出结果如图5-13所示。

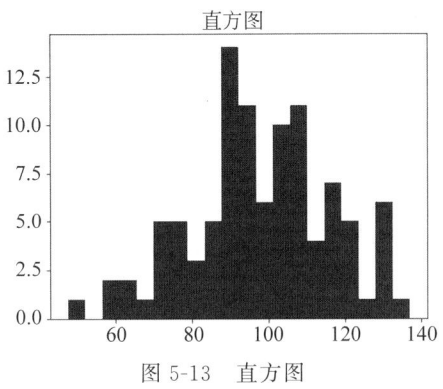

图 5-13 直方图

5.4 小结

本章重点介绍了 NumPy、Pandas 和 Matplotlib 三个 Python 扩展库。NumPy 是科学计算的核心库,Pandas 拥有 Series 和 DataFrame 两种重要的数据结构。Matplotlib 是一款优秀的数据可视化 Python 扩展库,能够绘制 2D 和 3D 图形,甚至能进行交互式可视化。创建 NumPy 数组常用的方法有 4 种,分别是 array()、arange()、linspace() 和 logspace()。NumPy 提供了很多常用函数,如 np.sin()、np.random.rand()。

练 习 题

1. 写出代码 np.sign(−1)的输出结果。
2. 怎样查看数组 a 的形状?
3. 已知数组 a,怎样将其列数修改为 3 列?
4. 定义一个 2 行 3 列的全零数组 a。
5. 将 Python 元组 tu=(1,5,2)转换为 NumPy 数组。
6. 创建[0,1]范围内由 100 个数据组成的等差数组。
7. 使用 np.argmax()函数,输出数组 a=[1,5,7,4,2]中值最大的元素下标。

8. 数组 a=np.arange(10,30,5)中元素的总数是多少？写出这些元素的值。

9. 已知数组 a=np.arange(6).reshape(3,2)，求 np.mean(a,axis=1)的值。

10. 已知数组 a=np.random.randint(0,10,size=(3,3))，写出 a 的值。

11. 已知数组 a 和 b，试用两种方式分别实现通常意义上(线性代数)的矩阵乘法。

12. 已知数组 a=np.arange(5)，写出 a[−1]的值。

13. 已知二维数组 a=np.array([[1,5,2],[2,4,3],[0,2,1]])，写出 a[:,1]的值。

14. 已知数组 a=np.array([1,5,2])，b=np.array([2,4,1])，以 a 和 b 为列创建一个新数组 c。

15. 在 SciPy 库中，创建稀疏矩阵使用什么函数？

16. 将稀疏矩阵以普通矩阵的形式输出，需要使用什么函数？

17. 写出 Pandas 库中两种最重要的数据结构。

18. 将字典 dt={'b':3, 'a':1, 'c':2}转换为 Series。

19. 将 NumPy 数组 a=[1,5,2]转换为 Series，其索引为['a', 'b', 'c']。

20. 使用字典 dt={'col1': [0, 1, 5], 'col2': [3, 6, 7]}创建数据框架 df，并输出 df 的值。

21. 已知数据框架 df，怎样查看它的形状。

22. 已知数据框架 df，原地删除它的 weekday 列。

23. 已知数组 x=[[1,1.2],[1,1.2]]，写出 x.ravel()的值。

24. 完善下列程序代码，其执行结果如图 5-14 所示。

import numpy as np
_____

X = np.linspace(-8, 0, 20)
y = np.linspace(-4, 10, 20)
_____

plt.scatter(X.ravel(), y.ravel())
plt.show()

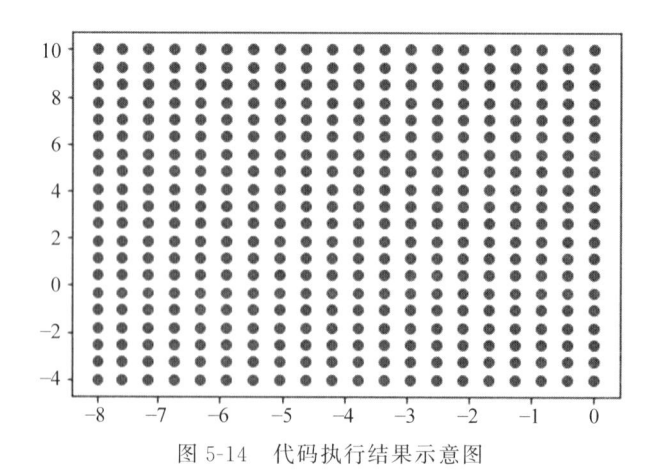

图 5-14　代码执行结果示意图

25. 在 Matplotlib 绘制的图形中，怎样让 X 轴和 Y 轴使用相同的长度单位？

26. 输出 DataFrame 数据框架时，如果数据中同时包含中英文两种语言，则会导致列无法对齐,如图 5-15 所示。查阅资料给出该问题的解决方法,并举例说明。

```
   姓名  AI  English
0  王同学  80      70
1  李同学  70      66
2  张同学  94      80
```

图 5-15 数据框架

27. 已知二维数组 X=np.array([[1,5,2],[2,3,2],[2,4,3],[4,1,7]])和一维数组 y=np.array([0,1,1,0]),X 的行与 y 的元素相对应,如[1,5,2]与 0 对应、[2,3,2]与 1 对应。编写程序输出数组 X 中与 y=0 对应的行元素中第 2 列和第 3 列数据(下标分别为 1 和 2)。

第 6 章 中英文分词

分词(Tokenization/Word Segmentation)是一种操作,它按照某种要求,将文本切分成字符串序列,序列的元素是词语(Token)。与英文等印欧语系不同,中文的词与词之间没有界限标志,因此分词是中文文本分析处理的首要任务,也是机器翻译、文本分类等的基础。本章只关注英文分词和中文分词。

6.1 英文分词

英文分词可以使用现成的方法,如 nltk.word_tokenize()、jieba.lcut()。

```
>>> import nltk
>>> input_string = "This is a text for testing."
>>> nltk.word_tokenize(input_string)
['This', 'is', 'a', 'text', 'for', 'testing', '.']
>>> import jieba
>>> jieba.lcut(input_string)              #分词结果不理想,需要额外处理
['This', ' ', 'is', ' ', 'a', ' ', 'text', ' ', 'for', ' ', 'testing', '.']
```

也可以使用字符串的 split()方法。

```
>>> input_string.split()                  #testing.没有切开
['This', 'is', 'a', 'text', 'for', 'testing.']
```

还可以使用正则表达式模块 re 提供的 re.split()、re.findall()方法。

```
>>> import re
>>> re.split(r"[^\w]+", input_string)   #丢掉了句点.
['This', 'is', 'a', 'text', 'for', 'testing', '']
>>> re.findall(r"[\w]+", input_string)  #丢掉了句点.
['This', 'is', 'a', 'text', 'for', 'testing']
>>> input_string = "The Great Chinese Dream 伟大的中国梦"
>>> nltk.word_tokenize(input_string)    #nltk不能切分中文
['The', 'Great', 'Chinese', 'Dream 伟大的中国梦']
>>> jieba.lcut(input_string)            #能够同时切分中英文,但需要额外处理
['The', ' ', 'Great', ' ', 'Chinese', ' ', 'Dream', '伟大', '的', '中国', '梦']
```

6.2 中文分词

中文分词面临的困难与挑战主要体现在3方面：分词的规范问题、歧义词(Ambiguous Words)切分和未登录词(Out of Vocabulary, OOV)识别。汉语在持续进化过程中不断吸纳、创造新词，然而新词能否获得广泛认可需要经历时间的考验。迄今为止，中文还没有一个公认的、权威的词表，这就使得分词结果没有统一的标准答案，这就是分词的规范问题。

中文的歧义词分为两种类型，分别是交集型和组合型。①交集型。在字符串AJB中，AJ和JB都可以独立成词，如"大学生"既可以切分为"大学/生"，又可以切分为"大/学生"。②组合型。在字符串AB中，A、B和AB三者都可以独立成词，如"才能"的一种切分为"过人/的/才能"；另一种切分为"长期/坚持/才/能/成功"。中文的歧义词是普遍存在的，在具体的语境中应该采用哪一种切分方式十分重要。

未登录词是指那些没有被词典收录或者训练语料中未曾出现过的词。中文有很多新词、专有名词和网络用语等，传统的基于词典的分词法不能将它们准确地切分出来。为了解决这个问题，需要使用深度学习(Deep Learning, DL)等新技术。有研究结果表明，与歧义词相比，未登录词对分词结果的影响更大。

从总体上说，分词法有4种类型，分别是基于词典的方法、基于统计模型的方法、基于序列标注的方法和基于深度学习的方法，如图6-1所示。基于序列标注的方法包括隐马尔可夫模型(Hidden Markov Model, HMM)和条件随机场(Conditional Random Field, CRF)；将CRF与长短期记忆(Long Short Term Memory, LSTM)相结合，能够实现深度学习。

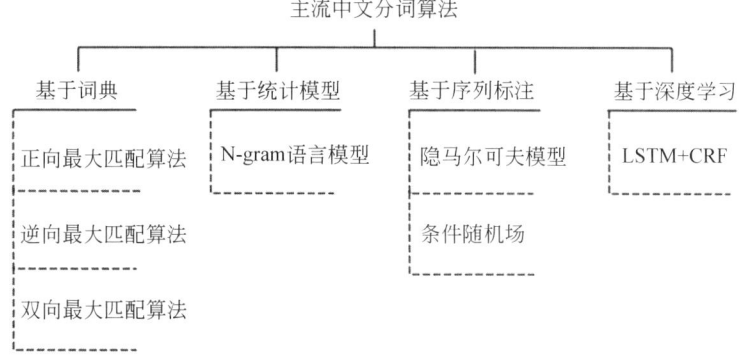

图6-1 主流中文分词算法

6.2.1 基于词典的分词方法

在词典分词法中最常用的是最大匹配算法，其流程如下。最大匹配算法分为正向最大匹配(Forward Maximum Matching, FMM)、逆向最大匹配(Reverse Maximum Matching, RMM)和双向最大匹配(Bidirectional Maximum Matching, BMM)3种形式。

输入：待分词的中文文本集合。

操作步骤：

(1) 计算词典中词条的最大长度length；

(2) 取出文本中从当前位置开始的、由 length 个汉字组成的词条 token；
(3) 在词典中搜索该词条：
  (3.1) 如果匹配成功，则完成搜索，跳转至(2)；
  (3.2) 否则去掉该词条右侧一个汉字，继续搜索；
(4) 词条的长度等于零时[①]，程序报错；
(5) 重复上述步骤，直至切分出所有的词条。

输出：已分词的语句序列集合。

下面编程实现最大匹配算法的 3 种形式，首先实现正向最大匹配算法。

```python
def FMM(vocabulary, sent):                #词典 vocabulary,语句 sentence,简写为 sent
    result = []
    #词典中词的最大长度
    max_len = max([len(word) for word in vocabulary])
    start = 0
    while start != len(sent):
        index = start + max_len
        if index > len(sent):             #index 越过句尾,需要修正 index 值
            index = len(sent)
        for _ in range(max_len):
            word = sent[start:index]
            if word in vocabulary or len(word) == 1:
                result.append(word)
                start = index             #分出一个词,修正 start 值
                break
            index -= 1                    #减小词的长度
    return result
```

下面调用自定义函数 FMM()，查看算法的分词效果。

```python
vocabulary = ['abb', 'bc', 'de']
sentence = "abbcdde"
fmm = FMM(vocabulary, sentence)
print(f"FMM = {fmm}")
```

上述代码的输出结果：

FMM = ['abb', 'c', 'd', 'de']

接着编程实现逆向最大匹配算法。

```python
def RMM(vocabulary, sent):                #词典 vocabulary,语句 sentence
    result = []
    #词典中词的最大长度
    max_len = max([len(word) for word in vocabulary])
    start = len(sent)
```

[①] 在实际的代码实现中，当 token 的长度为 1 时，无论词典中是否存在该 token，程序都会提前终止当前循环过程，将该 token 作为一个词，继续执行下一轮循环。

```
        while start != 0:
            index = start - max_len
            if index < 0:                    #index 越过句首,需要修正 index 值
                index = 0
            for _ in range(max_len):
                word = sent[index:start]
                if word in vocabulary or len(word) == 1:
                    result.insert(0, word)   #插到列表的开头
                    start = index            #分出一个词,修正 start 值
                    break
                index += 1                   #减小词的长度
        return result
```

下面调用自定义函数 RMM(),查看算法的分词效果。

```
vocabulary = ['abb', 'bc', 'de']
sentence = "abbcdde"
rmm = RMM(vocabulary, sentence)
print(f"RMM = {rmm}")
```

上述代码的输出结果:

RMM = ['a', 'b', 'bc', 'd', 'de']

最后编程实现双向最大匹配算法。

```
def BMM(vocabulary, sent):                    #词典 vocabulary,语句 sentence
    res1 = FMM(vocabulary, sent)
    res2 = RMM(vocabulary, sent)
    if len(res1) == len(res2):                #长度相等
        if res1 == res2:                      #分词结果相同,返回任意一个
            return res1
        else:
            #分词结果 res1 中,长度为 1 的词的数量(count,简写为 cnt)
            res1_cnt = len([w for w in res1 if len(w)==1])
            #分词结果 res2 中,长度为 1 的词的数量
            res2_cnt = len([w for w in res2 if len(w)==1])
            #返回长度为 1 的词较少的分词结果
            return res1 if res1_cnt < res2_cnt else res2
    else:
        #返回分词数量较少的分词结果
        return res1 if len(res1) < len(res2) else res2
```

下面调用自定义函数 BMM(),查看算法的分词效果。

```
vocabulary = ['abb', 'bc', 'de']
sentence = "abbcdde"
bmm = BMM(vocabulary, sentence)
print(f"BMM = {bmm}")
```

上述代码的输出结果：

BMM = ['abb', 'c', 'd', 'de']

为了与 jieba 的分词结果进行对比，将词典中 abb、bc、de 分别替换为急匆匆、匆忙、中国，这样原始语句变为 sentence = "急匆匆忙中中国"。

```
>>> import jieba
>>> sentence = "急匆匆忙中中国"
>>> jieba.lcut(sentence)                    # 与 FMM 和 BMM 的分词结果相同
['急匆匆', '忙', '中', '中国']
```

显然，基于词典的分词法本质上就是字符串的匹配。

6.2.2　基于统计模型的分词方法

给定大量已分词的文本，统计分词算法使用统计模型学习词语切分的规律，进而实现对未知文本的切分。字与字相邻共现的频率能较好地反映出它们成词的可信度，这是统计模型的核心思想[①]。N-gram 多元语言模型是最常用的统计分词算法。下面详细讨论 N-gram 算法及其实现。

给定一个由 n 个词组成的句子 $S=(w_1,w_2,\cdots,w_n)$，怎样计算它出现的概率呢？假设当前单词 w_i 受其前面所有单词 $w_1,w_2,\cdots,w_{i-1}$ 的影响。

$$P(S) = P(w_1, w_2, \cdots, w_n)$$
$$= P(w_1)P(w_2 \mid w_1), \cdots, P(w_n \mid w_1, w_2, \cdots, w_{n-1})$$

为了简化计算，假设每个词是否出现仅与它前面的 $N(N \leq 2)$ 个词有关。

当 $N=0$ 时，即一元模型（Unigram），此时 $P(w_1, w_2, \cdots, w_n) \approx \prod_{i=1}^{n} P(w_i)$。

当 $N=1$ 时，即二元模型（Bigram），此时 $P(w_1, w_2, \cdots, w_n) \approx \prod_{i=1}^{n} P(w_i \mid w_{i-1})$。

当 $N=2$ 时，即三元模型（Trigram），此时 $P(w_1, w_2, \cdots, w_n) \approx \prod_{i=1}^{n} P(w_i \mid w_{i-2}, w_{i-1})$。

上述各项概率采用极大似然估计（Maximum Likelihood Estimation，MLE）来计算，即通过统计频率[②]来实现。

$$P(w_i \mid w_{i-1}) = \frac{\text{Count}(w_{i-1}, w_i)}{\text{Count}(w_{i-1})}$$

$$P(w_i \mid w_{i-2}, w_{i-1}) = \frac{\text{Count}(w_{i-2}, w_{i-1}, w_i)}{\text{Count}(w_{i-2}, w_{i-1})}$$

N-gram 多元模型分词算法的操作步骤如下。

（1）训练并构建 N-gram 多元统计模型；

（2）对语句进行分割，得到所有可能的分词结果；

[①]　统计模型的核心思想：词是稳定的汉字组合。
[②]　此处 Count() 函数的功能是计算频率。

(3) 对分词结果进行概率计算,返回概率最大的分词序列。

```
>>> list("hello")                    #Unigram
['h', 'e', 'l', 'l', 'o']
>>> list("中国梦")                    #Unigram
['中', '国', '梦']
```

下面给出自定义函数 make_ngram(),其功能是得到一个给定字符串的 N-gram。

```
def make_ngram(input_string, N):
    n_gram = []
    length = len(input_string)
    for i in range(length-N+1):
        n_gram.append(input_string[i:i+N])
    return n_gram
```

下面调用上述自定义函数 make_ngram(),检验程序的执行效果。

```
>>> make_ngram("hello", 1)           #一元模型 Unigram
['h', 'e', 'l', 'l', 'o']
>>> make_ngram("hello", 2)           #二元模型 Bigram
['he', 'el', 'll', 'lo']
>>> make_ngram("hello", 3)           #三元模型 Trigram
['hel', 'ell', 'llo']
```

下面给出自定义函数 cut(),其功能是将给定的字符串以各种切分方式完全切开。

```
from itertools import permutations
def cut(input_string):
    tokenized = [input_string]            #切分结果
    unigram = list(input_string)          #Unigram
    length = len(unigram) - 1
    for one_number in range(1, length+1): #one_number 代表 1 的数量
        #1 表示在当前字符后面添加分割符/,0 表示不添加,如图 6-2 所示
        flag = [1] * one_number
        flag.extend([0] * (length - one_number))
        #全排列 flag,若 flag=[0, 1],则 perm = [(1, 0), (0, 1)]
        perm = permutations(flag)
        for lt in set(perm):
            seg = ""                      #一次切分结果,如 a/b/c
            for i in range(len(lt)):
                seg += input_string[i]
                if lt[i]:
                    seg += "/"            #seg 即 segmentation,分割
                seg += input_string[i+1]
            tokenized.append(seg)
    return tokenized
if __name__ == "__main__":
    input_string = input("input a string : ")
```

```
for item in cut(input_string):
    print(item)
```

上述代码的一次运行结果：

```
input a string : abc
abc
ab/c
a/bc
a/b/c
```

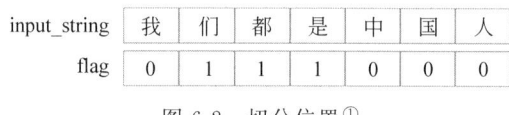

图 6-2 切分位置[1]

6.3 中文分词工具

中文分词工具有很多，如 NLTK、清华大学的中文词法分析工具包(THULAC)、北京大学的中文分词工具包 pkuseg、基于 Java 的 HanLP 分词库。本节主要介绍 Jieba 分词库。Jieba 支持 3 种分词模式，分别是精确模式、全模式和搜索引擎模式。

(1) 精确模式：以最精确地方式将语句切分开，适合文本分析；
(2) 全模式：将语句中所有可能的词都切分出来；
(3) 搜索引擎模式：在精确模式的基础上，对长词进行二次切分。

```
>>> input_string = "人工智能是热门专业之一。"
>>> jieba.lcut(input_string, cut_all=True)      #全模式
['人工', '人工智能', '智能', '是', '热门', '专业', '之一', '。']
>>> jieba.lcut(input_string, cut_all=False)     #精确模式(默认模式)
['人工智能', '是', '热门', '专业', '之一', '。']
>>> jieba.lcut_for_search(input_string)         #搜索引擎模式
['人工', '智能', '人工智能', '是', '热门', '专业', '之一', '。']
```

lcut()与 lcut_for_search()方法的返回值是列表(List)，而 cut()与 cut_for_search()方法的返回值是生成器[2](Generator)。

```
>>>gen = jieba.cut(input_string)                #cut_all=False
>>> type(gen)                                   #gen 的类型是生成器
<class 'generator'>
>>> next(gen)                                   #得到生成器 gen 的第一个元素
'人工智能'
>>> list(gen)                                   #利用生成器 gen 的剩余元素构建列表
['是', '热门', '专业', '之一', '。']
```

---

[1] 与 flag 列表对应的切分结果：我们/都/是/中国人。
[2] 生成器是惰性求值的，它能够大量节约计算机内存。

```
>>> list(gen)                                    #生成器的使用是一次性的
[]
>>> gen = jieba.cut(input_string)                #得到一个新的生成器
>>> "/".join(gen)
'人工智能/是/热门/专业/之一/。'
>>> gen = jieba.cut(input_string)                #再次得到一个生成器
>>> for word in gen:                             #生成器与for循环结合使用
    print(word, end="/")
人工智能/是/热门/专业/之一/。/
```

未登录词的切分问题可通过两种方式解决,一种是自定义词典,另一种是动态修改词频。

```
>>> input_string = "冰墩墩是北京冬奥会的吉祥物。"
>>> jieba.lcut(input_string)                     #"冰墩墩"被错误地切开了
['冰墩', '墩', '是', '北京', '冬奥会', '的', '吉祥物', '。']
```

在 Jieba 库中,自定义词典的 txt 文件需要遵循下列两个原则:

- 一个词语占一行;
- 每一行由 3 部分组成:词语、词频(可省略)、词性(可省略),这三者用空格间隔,顺序不可颠倒。

词典定义完成后,需要使用 jieba.load_userdict() 函数将其导入。

```
>>> jieba.load_userdict("userdict.txt")
>>> jieba.lcut(input_string)                     #"冰墩墩"切分成功
['冰墩墩', '是', '北京', '冬奥会', '的', '吉祥物', '。']
```

在 Jieba 库中,使用 suggest_freq() 函数[①]动态调整单个词语的词频,使其能被切分出来。suggest_freq() 函数的基本语法如下。

```
jieba.suggest_freq(segment, tune=True)
```

- segment:待切分的语句片段;
- tune:取值 True 表示调整词频;否则不调整;默认值为 False。

```
>>> jieba.suggest_freq("冰墩墩", tune=True)
1
>>> jieba.lcut(input_string)                     #"冰墩墩"同样能被切分成功
['冰墩墩', '是', '北京', '冬奥会', '的', '吉祥物', '。']
>>> jieba.lcut("我们")
['我们']
>>> jieba.suggest_freq(['我', '们'], tune=True)
225
>>> jieba.lcut("我们")                           #使用 suggest_freq() 函数强制切分"我们"
['我', '们']
```

jieba.tokenizer() 函数能够返回每个分词的开始位置和结束位置。

[①] 请注意,HMM 可能会影响最终结果。如果结果不变,请将 HMM 设置为 False。

```
>>> input_string = "我们都是炎黄子孙。"
>>> result = jieba.tokenize(input_string)  # result 是一个生成器
>>> for item in result:
      print(f"{item[0]}\t\t{item[1]}\t{item[2]}")
```

上述代码的输出结果：

```
我们        0   2
都          2   3
是          3   4
炎黄子孙    4   8
。          8   9
```

输出结果的第 1 列是切分出的词语；第 2 列和第 3 列分别是分词的开始和结束位置。

当文本过大时，可使用 jieba.enable_parallel() 函数，以开启并行分词模式。在默认情况下，4 个分词函数 cut()、cut_for_search()、lcut() 以及 lcut_for_search() 都使用了隐马尔可夫模型，即 HMM＝True。使用隐马尔可夫模型能够发现新词。

```
>>> input_string = "变压器跌落式熔断器引流线烧断"
>>> jieba.lcut(input_string, HMM=True)           #发现新词"烧断"
['变压器', '跌落', '式', '熔断器', '引流', '线', '烧断']
>>> jieba.lcut(input_string, HMM=False)          #参数 HMM 默认值为 True
['变压器', '跌落', '式', '熔断器', '引流', '线', '烧', '断']
```

往 Jieba 词典中添加新词，使用函数 jieba.add_word(word，freq＝None，tag＝None)，其中参数 freq 是词频，tag 是词性，两者都可以省略。删除 Jieba 词典中的词，使用函数 jieba.del_word(word)。

6.4 小结

将文本切分成字符串序列的操作叫作分词。与英文等印欧语系不同，中文的词与词之间没有界限标志，因此分词是中文文本分析处理的首要问题，也是机器翻译、文本分类等的基础。英文分词可以使用现成的方法，如 nltk.word_tokenize()、jieba.lcut()。中文分词面临的困难与挑战主要体现在 3 方面：分词规范、歧义词切分和未登录词识别。歧义词分交集型和组合型两种类型。

分词的方法包括基于词典的方法、基于统计模型的方法、基于序列标注的方法和基于深度学习的方法。在词典分词法中最常用的是最大匹配算法。最大匹配算法又分为正向最大匹配、逆向最大匹配和双向最大匹配 3 种形式。N-gram 语言模型是最常用的统计分词算法。Jieba 库支持 3 种分词模式，它们分别是精确模式、全模式和搜索引擎模式。

练 习 题

1．什么叫作分词？
2．将"一卡通照片"进行歧义词切分。

3. 编写代码将英文语句 sentence = "This is a red red rose."进行分词处理。
4. 中文分词面临的困难与挑战有哪些？（至少说出一种）
5. 中文的歧义词有两种类型，它们分别是什么？
6. 哪些词通常被称为未登录词？
7. 常用的分词方法有 4 种类型，它们分别是什么？（写出 3 种即可）
8. jieba.lcut()与 jieba.cut()两个函数有何区别？
9. Jieba 库怎样解决未登录词的切分问题？
10. Jieba 库支持的分词模式有几种？它们分别是什么？
11. 使用 Jieba 库支持的任意一种分词模式，将语句"我们都是炎黄子孙。"进行分词。
12. 给定 input_string = "我们是中国人。我们爱自己的祖国。"，编写代码统计其中每个词出现的频率。输出结果如下。

```
爱        =>    1
。        =>    2
是        =>    1
中国      =>    1
自己      =>    1
的        =>    1
人        =>    1
祖国      =>    1
我们      =>    2
```

第 7 章 词性标注

依据词性将单词进行分类并标注的过程称为词性标注(Part-of-Speech Tagging)。在自然语言处理任务中,词性标注非常重要,它在语法分析、句法分析、信息提取和命名实体识别等应用中扮演着基础性角色,能够帮助计算机更好地理解自然语言文本的内容和结构。本章的重点是利用词性标签自动标注文本。

7.1 标注语料库

NLTK 提供的 nltk.tag.str2tuple()方法能够将标注字符串转换为元组。

```
>>> tagged_token = nltk.tag.str2tuple("follow/VB")       #标注字符串 follow/VB
>>> tagged_token
('follow', 'VB')
>>> tagged_token[0]
'follow'
>>> tagged_token[1]
'VB'
```

NLTK 中包含的几个语料库已经进行了词性标注,如 brown、nps_chat、conll2000 和 treebank,可以直接使用 tagged_words()方法来读取。

```
>>> nltk.corpus.brown.tagged_words()
[('The', 'AT'), ('Fulton', 'NP-TL'), ...]
```

用于特定任务的标签集合被称为标签集(Tag Set)。不同的标注语料库使用的标签集并不相同,一些语料库还附带有描述标签集的 README 文档。

```
>>>print(nltk.corpus.treebank.readme())
```

为了降低多个标签集带来的复杂度,有时会将所有标签映射到一个通用标签集(Universal),如表 7-1 所示。

表 7-1 通用标签集

标　签	含　义	示　例
ADJ	形容词(Adjective)	special,new,good
ADP	介词性成分(Adposition)	on,of,with,by
ADV	副词(Adverb)	really,still,early
CONJ	连词(Conjunction)	and,or,but,although
DET	限定词(Determiner)	the,a,some,most
NOUN	名词(Noun)	school,time,Asia
NUM	数词(Numeral)	2024,third,15:30
PRT	小品词(Particle)	at,that,up,with
PRON	代词(Pronoun)	she,he,their
VERB	动词(Verb)	play,tell,say,sing
.	标点符号(Punctuation)	.,;!
X	其他(Others)	ad,et,al,facto

```
#此处明确表示使用通用标签集
>>> nltk.corpus.brown.tagged_words(tagset="universal")
[('The', 'DET'), ('Fulton', 'NOUN'), ...]
```

下面学习二元模型 nltk.bigrams()方法的使用。

```
>>> text = "love me, love my dog."           #爱屋及乌
>>> words = nltk.word_tokenize(text)
>>> words
['love', 'me', ',', 'love', 'my', 'dog', '.']
>>> gen = nltk.bigrams(words)                #gen 是一个生成器(Generator)
>>> list(gen)                                #使用二元模型得到的结果
[('love', 'me'), ('me', ','), (',', 'love'), ('love', 'my'), ('my', 'dog'), ('dog', '.')]
```

得到列表 words 元素的频率分布(Frequency Distribution)。

```
>>> nltk.FreqDist(words)
FreqDist({'love': 2, 'me': 1, ',': 1, 'my': 1, 'dog': 1, '.': 1})
```

下面探讨单词 often 的下一个词语的分布情况。

```
>>> from nltk.corpus import brown
>>> brown_text = brown.words(categories="learned")
>>> sorted(set(b for (a, b) in nltk.bigrams(brown_text) if a == "often"))
[',', '.', 'accomplished', 'analytically', 'appear', 'apt', 'associated',
'assuming', 'became', ...]
```

可以看到,在单词 often 的下一个词语中,accomplished 出现的次数最多(英文逗号和句号不属于词语)。如果将抽象级别从词语级提升到词性级,那么单词 often 的下一个词语的词性分布情况又是怎样的呢?

```
>>> brown_tagged = brown.tagged_words(categories="learned", tagset="universal")
>>> tags = [b[1] for (a, b) in nltk.bigrams(brown_tagged) if a[0] == "often"]
>>> fd = nltk.FreqDist(tags)
>>> fd.tabulate()                              #以表格的形式展示出来
VERB   ADV   ADP   ADJ    .   PRT
  37     8     7     6    4     2
```

根据上述输出结果可知,often 后面最常见的词性是动词,而最不常见的词性是小品词。

7.2 字典

在词性标注任务中,字典 dict 与 defaultdict[①] 是两种重要的数据结构。字典(Dictionary)是一种存储键-值对的无序集合,其中键必须是唯一的,不允许重复。字典也是一种映射(Mapping),它将键与其对应的值关联起来。下面给出定义字典的两种方式。

```
>>> pos = {"ideas":"N", "sleep":"V"}           #推荐使用
>>> pos
{'ideas': 'N', 'sleep': 'V'}
>>> pos = dict(ideas="N", sleep="V")           #不推荐使用
>>> pos
{'ideas': 'N', 'sleep': 'V'}
```

字典的键必须是不可变数据类型(Immutable Type),如字符串和元组,否则会抛出异常。

```
>>> pos = {['ideas', 'book']:'N'}              #列表是可变数据类型,不能用作字典的键
Traceback (most recent call last):
  File "<pyshell#577>", line 1, in <module>
    pos = {['ideas', 'book']:'N'}
TypeError: unhashable type: 'list'
```

不同于 Python 语言内置的字典 dict,defaultdict 能够为字典的新键创建一个条目(Entry),并为其提供默认值,如零或空列表。

```
>>> pos = {}                                   #字典 dict
>>> pos['sleep']                               #字典 pos 中不存在键 sleep,故抛出异常
Traceback (most recent call last):
  File "<pyshell#586>", line 1, in <module>
    pos['sleep']
KeyError: 'sleep'
>>> from collections import defaultdict        #需要先导入 defaultdict
>>> frequency = defaultdict(int)               #默认值为整数 0
>>> frequency['sleep'] = 3                     #添加键-值对'sleep':3
>>> frequency['running']                       #不存在键 running
```

[①] defaultdict 是 Python 标准库中的一个字典子类,它继承自 dict 类。defaultdict 的主要优点在于它可以自动为不存在的键提供初始值,这使得代码编写更加简洁和高效。

```
0                                          #返回默认值0
>>> frequency                              #自动添加了键-值对'running': 0
defaultdict(<class 'int'>, {'sleep': 3, 'running': 0})
>>> pos = defaultdict(list)                #默认值为空列表[]
>>> pos['sleep'] = ["NOUN", "VERB"]
>>> pos["running"]                         #不存在键running
[]                                         #返回默认值[]
>>> pos                                    #自动添加了键-值对'running': []
defaultdict(<class 'list'>, {'sleep': ['NOUN', 'VERB'], 'running': []})
```

实际上，可以为defaultdict指定任何类型的默认值，方法是给defaultdict提供一个无参数函数，这个函数将用于生成所需的默认值。

```
>>> from collections import defaultdict
>>> pos = defaultdict(lambda: "VERB")      #返回默认值'VERB'
>>> pos['ideas'] = "NOUN"
>>> pos['running']
'VERB'
>>> list(pos.items())
[('ideas', 'NOUN'), ('running', 'VERB')]   #自动添加了键-值对'running': 'VERB'
>>> f = lambda: "VERB"                     #定义一个匿名函数并赋值给变量f
>>> f()                                    #调用该匿名函数
'VERB'
```

将小说《爱玛》中最常见的500个单词映射为其本身，而其他单词则映射为UNK。

```
>>> emma = nltk.corpus.gutenberg.words("austen-emma.txt")
>>> vocab = nltk.FreqDist(emma)
>>> vocab
FreqDist({',': 11454, '.': 6928, 'to': 5183, 'the': 4844, 'and': 4672, 'of': 4279,
'I': 3178, ...})
>>> v500 = [word for (word, _) in vocab.most_common(500)]
>>> mapping = defaultdict(lambda: "UNK")
>>> for v in v500:
    mapping[v] = v
>>> emma2 = [mapping[v] for v in emma]
>>> emma2[:10]                             #查看其中前10个词语
['UNK', 'Emma', 'by', 'Jane', 'UNK', 'UNK', 'UNK', 'UNK', 'I', 'CHAPTER']
```

根据单词的最后两个字母对单词进行索引。

```
>>> words = ["slowly", "see", "sadly", "agree"]
>>> last_letters = defaultdict(list)
>>> for word in words:
    key = word[-2:]
    last_letters[key].append(word)
>>> last_letters['ly']
['slowly', 'sadly']
```

```
>>> last_letters['ee']
['see', 'agree']
```

7.3 词性标注器

词性标注器(POS-tagger)处理一系列单词,并为每个单词添加相应的词性标签。一个单词的词性标签取决于该单词本身及其所在句子的上下文。

```
>>> from nltk import word_tokenize
>>> from nltk import pos_tag
>>> text = "Love me, love my dog."            #爱屋及乌
>>> tokens = word_tokenize(text)              #分词
>>> tokens
['Love', 'me', ',', 'love', 'my', 'dog', '.']
>>> pos_tag(tokens)                           #词性标注
[('Love', 'VB'), ('me', 'PRP'), (',', ','), ('love', 'VB'), ('my', 'PRP$'), ('dog', 'NN'), ('.', '.')]
```

VB 代表 Verb, base form(动词,基本形式);PRP 代表 Personal pronoun(人称代词);PRP$ 代表 Possessive pronoun(所有格代词),如 my, your;NN 代表 Noun, singular or mass(名词,单数或不可数)。

7.3.1 默认标注器

默认标注器(Default Tagger)是最简单的标注器,它会给所有单词分配同一个词性标签。为了获得最佳性能,可使用最可能的词性标签来标注所有单词。首先,确定最可能的词性标签。

```
>>> lst = ['a', 'b', 'b']                     #元素 a 的频率为 1,b 的频率为 2
>>> nltk.FreqDist(lst).max()                  #找到频率最高的元素
'b'
>>>tags = [tag for (word, tag) in brown.tagged_words(categories="reviews")]
>>> nltk.FreqDist(tags).max()
'NN'
```

根据上述输出结果可知,最可能的词性标签为 NN(单数或不可数名词)。下面创建一个默认标注器,它将所有单词的词性标注为 NN。

```
>>> text = "His petition charged mental cruelty."    #他的请愿书指控精神虐待
>>> tokens = nltk.word_tokenize(text)
>>> tokens
['His', 'petition', 'charged', 'mental', 'cruelty', '.']
>>> default_tagger = nltk.DefaultTagger('NN')
>>> default_tagger.tag(tokens)
[('His', 'NN'), ('petition', 'NN'), ('charged', 'NN'), ('mental', 'NN'), ('cruelty', 'NN'), ('.', 'NN')]
```

那么默认标注器的性能如何呢？

```
>>> brown_tagged_sents = brown.tagged_sents(categories="reviews")
>>> default_tagger.accuracy(brown_tagged_sents)
0.12445951257861636
```

根据上述输出结果可知，默认标注器的性能相当差。在布朗语料库的 reviews 类别中，它仅能给出约八分之一的正确标签。

```
>>> brown_tagged_sents = brown.tagged_sents(categories="news")
>>> default_tagger.accuracy(brown_tagged_sents)
0.13089484257215028
```

在布朗语料库的 news 类别中，默认标注器的性能略有提升，但准确率仍然不高。

7.3.2　正则表达式标注器

正则表达式（Regular Expression）标注器依据匹配模式为单词分配词性标签，如以 ing 结尾的单词被标注为 VBG，即动名词（Gerund）或现在分词（Present Participle）。

```
>>> patterns = [
    (r".*ing$", "VBG"),              #以 ing 结尾的单词是动名词或现在分词
    (r".*ed$", "VBD"),               #以 ed 结尾的单词是动词的过去式
    (r".*es$", "VBZ"),               #以 es 结尾的单词是动词第三人称单数现在式
    (r".*ould$", "MD"),              #以 ould 结尾的单词是情态动词
    (r".*'s$", "NN$"),               #以 's 结尾的单词是所有格名词
    (r".*s$", "NNS"),                #以 s 结尾的单词是名词复数
    (r"^-?[0-9]+(\.[0-9]+)?$", "CD"),#基数词（Cardinal Number）
    (r".*", "NN")                    #将所有其他单词标注为名词（Noun）
]
```

上述 8 个模式从上到下依次匹配，只有当前面 7 个模式都无法匹配时，才会将当前单词的词性标注为 NN。将这些正则表达式作为词性标注器，并用它来标注句子。

```
>>> regexp_tagger = nltk.RegexpTagger(patterns)
>>> brown_tagged_sents = brown.tagged_sents(categories="reviews")
>>> regexp_tagger.accuracy(brown_tagged_sents)
0.18059650157232704
```

与默认标注器相比，正则表达式标注器的性能有所提升，但准确率依然不高。

```
>>> text = "His petition charged mental cruelty."    #他的请愿书指控精神虐待
>>> tokens = nltk.word_tokenize(text)
>>> regexp_tagger.tag(tokens)
[('His', 'NNS'), ('petition', 'NN'), ('charged', 'VBD'), ('mental', 'NN'),
('cruelty', 'NN'), ('.', 'NN')]
```

语句 "His petition charged mental cruelty." 的正确标注结果如下。

```
[('His', 'PP$'), ('petition', 'NN'), ('charged', 'VBD'), ('mental', 'JJ'),
('cruelty', 'NN'), ('.', '.')]
```

7.3.3 查找标注器

首先,举例说明频率分布类 FreqDist 的使用。

```
>>> lst = ['own', 'own', 'lucky']
>>> nltk.FreqDist(lst)
FreqDist({'own': 2, 'lucky': 1})          #单词 own 的频率为 2,lucky 的频率为 1
```

接着,举例说明条件频率分布类 ConditionalFreqDist 的使用。

```
>>> lst = [('own', 'JJ'), ('own', 'JJ'), ('own', 'VB')]
>>> cfd = nltk.ConditionalFreqDist(lst)
>>> list(cfd.items())                     #单词 own 2 次标注为 JJ,1 次标注为 VB
[('own', FreqDist({'JJ': 2, 'VB': 1}))]
>>> cfd['own'].max()                      #单词 own 被标注为 JJ 的次数最多
'JJ'
```

构建标注器的第三种方法是查找 100 个最常见的单词,然后存储它们各自最可能的词性标签。

```
>>> fd = nltk.FreqDist(brown.words(categories="reviews"))
```

上述频率分布 FreqDist 的实例 fd 的元素是元组,如('the', 2048)、('to', 706),这表明单词 the 和 to 在布朗语料库的 reviews 类别中,分别出现了 2048 次和 706 次。

```
>>> most_freq_words = fd.most_common(100)   #得到 100 个最常见的单词
>>> most_freq_words[:5]                     #输出其中的前 5 个
[(',', 2318), ('the', 2048), ('.', 1549), ('of', 1299), ('and', 1103)]
>>> cfd = nltk.ConditionalFreqDist(brown.tagged_words(categories="reviews"))
```

上述条件频率分布的实例 cfd 的元素也是元组,如('own', FreqDist({'JJ': 33, 'VB': 1})),这表明单词 own 被标注为 JJ 的次数 33、被标注为 VB 的次数 1。

```
>>> likely_tags = dict((word, cfd[word].max()) for (word, _) in most_freq_words)
>>> likely_tags                             #likely_tags 是一个字典
{',': ',', 'the': 'AT',…, 'made': 'VBD'}    #输出其中的部分内容
```

将 Unigram 标注器[1]的参数 model 赋值为 likely_tags,至此,查找标注器(Lookup Tagger)构建完成。

```
>>> lookup_tagger = nltk.UnigramTagger(model=likely_tags)
>>> lookup_tagger.accuracy(brown_tagged_sents)
0.47459709119496857
```

仅仅通过记忆 100 个常见单词及其各自最可能的词性标签,就能达到大约 50% 的准确率。那么,查找标注器是如何对其他单词标注词性的呢?

---

[1] Unigram 标注器为每个单词分配最可能的词性标签(统计数据来自训练数据),其行为与查找词典类似,因此将它命名为 lookup_tagger。

```
>>> text = "His petition charged mental cruelty."    #他的请愿书指控精神虐待
>>> tokens = nltk.word_tokenize(text)
>>> lookup_tagger.tag(tokens)
[('His', None), ('petition', None), ('charged', None), ('mental', None),
('cruelty', None), ('.', '.')]
```

由上述情况可知,查找标注器会将其他单词的词性标注为 None。在这种情况下,希望分配一个默认标签 NN。换句话说,先使用查找标注器 lookup_tagger,如果它不能分配词性标签,则使用默认标注器(default_tagger);这种策略被称为回退(Backoff)。

```
>>> lookup_default_tagger = nltk.UnigramTagger(model=likely_tags, \
                  backoff=default_tagger)
>>> lookup_default_tagger.accuracy(brown_tagged_sents)
0.5939465408805031
```

随着记忆单词数量的增加,查找标注器的准确率会逐渐提高,最终能够达到 90% 以上,如图 7-1 所示。

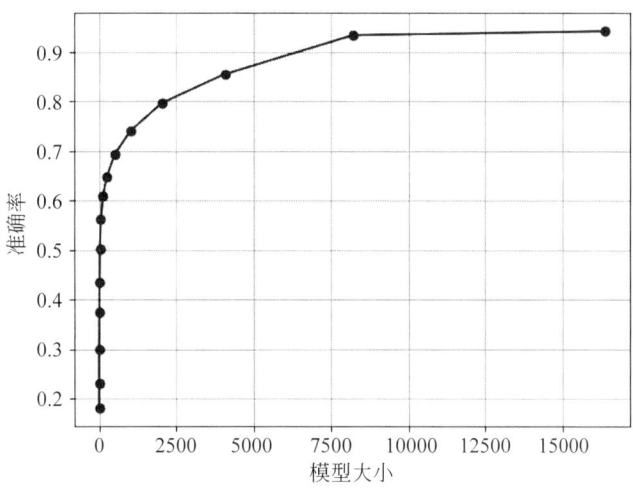

图 7-1 模型大小不同的查找标注器的性能

7.3.4 Unigram 标注器

Unigram 标注器基于简单的统计算法:为每个单词分配最可能的词性标签。因为 frequent 用作形容词 JJ 的频率远大于用作动词 VB 的频率,所以 Unigram 标注器将词性标签 JJ 分配给单词 frequent。例如,在 a frequent word 中,frequent 是一个形容词 JJ;而在 I frequent this cafe(我经常光顾这家咖啡馆)中,frequent 则是一个动词 VB。

```
>>> from nltk.corpus import brown
>>> brown_tagged_sents = brown.tagged_sents()
>>> unigram_tagger = nltk.UnigramTagger(brown_tagged_sents)
#终身阅读的重要性是显而易见的
>>> text = 'The need for lifetime reading is apparent.'
>>> tokens = nltk.word_tokenize(text)
```

```
>>>unigram_tagger.tag(tokens)
[('The', 'AT'), ('need', 'VB'), ('for', 'IN'), ('lifetime', NN), ('reading', 'VBG'),
('is', 'BEZ'), ('apparent', 'JJ'), ('.', '.')]
```

文本 text 正确的词性标注结果如下所示。

```
>>> [('The', 'AT'), ('need', 'NN'), ('for', 'IN'), ('lifetime', 'NN'), ('reading',
'NN'), ('is', 'BEZ'), ('apparent', 'JJ'), ('.', '.')]
```

统计 unigram_tagger 在训练集上的准确率。读者可以思考一下：在什么情况下，其在训练集上的准确率可以达到 100%？

```
>>> unigram_tagger.accuracy(brown_tagged_sents)
0.9245482228606466
```

在初始化 Unigram 标注器时，使用已正确标注的句子作为训练数据。训练过程包括检查每个单词的词性标签，并将各个单词最可能的词性标签存储在标注器的字典中。

```
>>> size = int(len(brown_tagged_sents) * 0.9)
>>> size                                         #训练集的大小
51606
>>> train_sents = brown_tagged_sents[:size]
>>> test_sents = brown_tagged_sents[size:]
>>> unigram_tagger = nltk.UnigramTagger(train_sents)
#统计 unigram_tagger 标注器在测试集上的准确率
>>> unigram_tagger.accuracy(test_sents)
0.8849353534083527
```

7.3.5 N-gram 标注器

N-gram 标注器是 Unigram 标注器[①]的泛化形式。除了 1-gram，常用的 N-gram 还包括 2-gram 和 3-gram。2-gram 词性标注器基于前一个词的词性来预测当前词的词性。类似地，3-gram 词性标注器则基于前两个词的词性来预测当前词的词性，如图 7-2 所示。下面以 2-gram 标注器为例，展示其训练及标注的全过程。

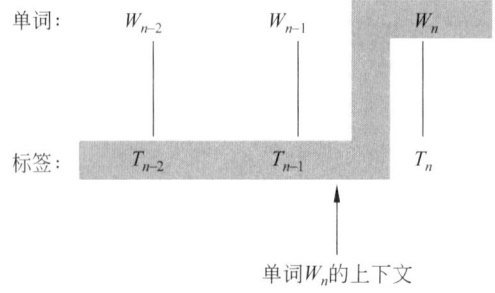

图 7-2 在 3-gram 词性标注器中当前词 W_n 的上下文

---

① Unigram 标注器也称为 1-gram 标注器。同样地，2-gram 与 Bigram、3-gram 与 Trigram 也可以互相代替。

```
>>> bigram_tagger = nltk.BigramTagger(train_sents)
>>> bigram_tagger.accuracy(test_sents)          #在测试集的准确率低
0.3515747783994468
>>> seen_sent                                    #也许改天吧
['Maybe', 'some', 'other', 'day', '.']
#在标注训练语料库中的语句时,表现非常出色
>>> bigram_tagger.tag(seen_sent)                 #词性标注完全正确
[('Maybe', 'RB'), ('some', 'DTI'), ('other', 'AP'), ('day', 'NN'), ('.', '.')]
```

2-gram 标注器往往能够成功标注它在训练过程中见过的句子,但在处理未见过的语句时表现不佳。一旦遇到新单词,它就无法为其分配词性标签[1]。即使在训练期间见过某个单词,如 thousand,它也可能无法正确标注,因为在训练数据中,thousand 的前一个单词的词性标签都不是 None。因此,2-gram 标注器无法正确标注句子的其余部分。这导致其总体准确率低。可以预见,n 值越大,这种情况会变得更加严重(数据稀疏问题)。

7.3.6 组合标注器

组合标注器(Combined Tagger)就是将多个标注器组合在一起使用。2-gram、Unigram 和默认标注器结合使用的方法与步骤如下。

(1) 首先尝试使用 2-gram 标注单词的词性;
(2) 如果 2-gram 标注器找不到合适的标记,则尝试使用 Unigram 标注器;
(3) 如果 Unigram 也无法找到合适的标记,则使用默认标注器。

```
>>> t1 = nltk.DefaultTagger("NN")            #默认标注器 t1
#当 Unigram 标注器 t2 不能胜任工作时,回退至 t1
>>> t2 = nltk.UnigramTagger(train_sents, backoff=t1)
#当 2-gram 标注器 t3 不能胜任工作时,回退至 t2
>>> t3 = nltk.BigramTagger(train_sents, backoff=t2)
>>> t3.accuracy(test_sents)                  #目前得到的最高准确率
0.7864845434938893
```

可以使用 pickle 模块[2]将已训练好的标注器存储起来。此处将标注器 t3 转换为字节流并存储起来。

```
>>> from pickle import dump
>>> output = open("t3.pkl", "wb")
>>> dump(t3, output)
>>> output.close()
```

在其他程序中需要使用标注器 t3 时,再重新加载即可。

```
>>> from pickle import load
>>> input = open("t3.pkl", "rb")
>>> tagger = load(input)
```

---

[1] 此时为新单词分配词性标签 None。
[2] pickle 模块是 Python 的一个内置模块,用于对象的序列化和反序列化。

```
>>> input.close()
>>> text = "Leaving like the wind"          #像风一样离去
>>> tokens = text.split()
>>> tagger.tag(tokens)
[('Leaving', 'NN'), ('like', 'CS'), ('the', 'AT'), ('wind', 'NN')]
>>> from nltk import pos_tag
>>> pos_tag(tokens)                         #使用NLTK内置的词性标注器pos_tag()
[('Leaving', 'VBG'), ('like', 'IN'), ('the', 'DT'), ('wind', 'NN')]
```

7.4　小结

依据词性将单词进行分类并标注的过程称为词性标注。在自然语言处理任务中，词性标注扮演着基础性角色。在词性标注任务中，字典 defaultdict 是一种重要的数据结构。defaultdict 的主要优点在于它可以自动为不存在的键提供初始值。一个单词的词性标签取决于该单词本身及其所在句子的上下文。

NLTK 提供了几种标准标注器，如默认标注器、正则表达式标注器、查找标注器、基于统计的 Unigram 标注器以及 N-gram 标注器等。这些标注器可以单独使用，也可以组合使用（通过回退机制）以提高标注的准确性。

练　习　题

1. 给出词性标注的定义。
2. 编写代码将下列标注字符串转换为元组形式。

```
text = "The/AT need/NN for/IN lifetime/NN reading/NN is/BEZ apparent/JJ ./."
```

输出结果如下：

```
[('The', 'AT'), ('need', 'NN'), ('for', 'IN'), ('lifetime', 'NN'), ('reading', 'NN'),
('is', 'BEZ'), ('apparent', 'JJ'), ('.', '.')]
```

3. 至少写出通用标签集中的 3 个标签。
4. 编程计算列表 data = ['b', 'e', 't', 't', 'e', 'r']中元素的频率分布。
5. 编程计算列表 word_tags = [('own', 'JJ'), ('own', 'JJ'), ('own', 'VB'), ('book', 'NN')]中各个单词的条件频率分布。
6. 编写代码输出布朗语料库中 news 类别里最常见的 10 个单词（标点符号除外）。
7. 与 Python 内置的字典 dict 相比，defaultdict 的优点是什么？（请至少写出一个优点）
8. 编写代码将 vocab1 = ['first', 'second', 'third']中的单词映射为其本身，vocab2 = ['ad', 'facto']中的单词映射为 UNK。
9. 一个单词的词性标签取决于什么？
10. 默认标注器的原理是什么？
11. 编写代码来统计布朗语料库中 news 类别里出现次数最多的词性（使用通用标签集）。

12. 使用nltk.pos_tag()方法,将文本text = "His petition charged mental cruelty."进行词性标注。

13. Unigram标注器的原理是什么?

14. 编写代码以统计在布朗语料库的news类别中,frequent与own这两个词最可能出现的词性标签分别是什么(使用通用标签集)。

15. 提供结合使用2-gram、Unigram与默认标注器的方法和步骤。

16. 编写代码实现一个组合标注器combined_tagger,该标注器能够整合2-gram、Unigram与默认标注器(使用名词NN)的功能。

17. 编写代码得到输入字符串中相同字母的异序词(Anagram)。

输入样例:

now ten net own won

输出样例(不计较列表的前后顺序):

['now', 'own', 'won']   #won是win(赢了)的过去式
['ten', 'net']

18. 执行下列代码并说出它的功能。

```
>>> import nltk
>>> from nltk.corpus import brown
>>> pos = defaultdict(lambda: defaultdict(int))
>>> tagged_words = brown.tagged_words(categories="reviews", tagset="universal")
>>> for ((w1, t1), (w2, t2)) in nltk.bigrams(tagged_words):
        pos[(t1, w2)][t2] += 1
>>> pos[("DET", "good")]
defaultdict(<class 'int'>, {'ADJ': 15, 'NOUN': 1})
```

19. 执行下列代码并说出它的功能。

```
>>> text = "a simple idea, a great idea, a fantastic idea"
>>> text = nltk.Text([word.lower() for word in nltk.word_tokenize(text)])
>>> text.similar("simple")
```

上述代码的输出结果:

great fantastic

20. 执行下列代码并写出它的输出结果。

```
import nltk
from nltk.corpus import brown
from collections import defaultdict

pos = defaultdict(lambda: defaultdict(int))
tagged_words = brown.tagged_words(categories='news', tagset='universal')
for ((w1, t1), (w2, t2)) in nltk.bigrams(tagged_words):
    pos[(t1, w2)][t2] += 1
```

```
print(pos[('DET', 'good')])
```

21. 使用通用标签集(Universal),统计布朗语料库(Brown)中 reviews 类别里形容词标签 ADJ 的使用频率。

22. 举例说明 Python 语言中 operator 模块的 itemgetter() 函数的使用。

23. 使用 sorted() 和 itemgetter() 函数将给定的词性分布列表按照从大到小排列,输出结果如下。

[('ADV', 83), ('VERB', 78), ('ADJ', 54), ('ADP', 32), ('NOUN', 28), ('DET', 20)]

第 8 章 特 征 工 程

特征工程(Feature Engineering)是指通过应用领域知识来选择、创建、修改或删除特征,从而改善模型的预测性能的过程。特征工程是数据预处理的一个关键步骤,它主要包括以下几方面的任务。

(1) 特征选择(Feature Selection):从现有特征中挑选出最相关的特征,去除冗余或不相关的特征,以减少模型的复杂度并提高效率。

(2) 特征提取(Feature Extraction):使用算法自动将原始数据转换为更高级别的表示形式,如使用主成分分析(Principal Component Analysis,PCA)进行降维。

(3) 特征创建(Feature Creation):基于现有特征创造新的特征,如组合多个特征或者计算各种统计量等。

(4) 特征缩放(Feature Scaling):将数据集的所有特征调整到相同的尺度上,如 0~1 区间。

(5) 特征编码(Feature Encoding):将非数值型数据(如类别数据)转换成数值型数据,以便学习算法能够处理。常见的特征编码有独热编码(One-Hot Encoding)、标签编码(Label Encoding)等。

特征工程的质量直接影响到模型的表现,好的特征工程可以帮助模型更好地理解数据,从而做出更准确的预测。尽管近年来深度学习技术的发展使得某些情况下可以自动学习特征,但在很多场景下,尤其是对于传统的机器学习算法而言,特征工程仍然是提升模型效果的重要手段。本章主要介绍特征缩放、特征编码和特征提取。

8.1 特征缩放

不同特征可能会有不同的量纲和取值范围,如果不进行缩放,那么在训练模型时,那些具有较大数值范围的特征可能会主导模型的学习过程,导致模型表现不佳。特征缩放包括归一化、标准化、鲁棒化和规范化 4 种操作。sklearn 库的 preprocessing 模块提供了与这些操作相对应的函数,如表 8-1 所示。

表 8-1　特征缩放操作

缩放操作	对应的方法	缩放操作	对应的方法
归一化	MinMaxScaler()	鲁棒化	RobustScaler()
标准化	StandardScaler()	规范化	Normalize()

8.1.1　特征归一化

归一化(Regularization)将特征值转换到固定的最小—最大值区间。sklearn 库提供了 MinMaxScaler()方法执行归一化操作，其基本的语法格式如下。

```
MinMaxScaler(feature_range=(0, 1))
```

其中，feature_range 为指定的取值范围，默认值为(0,1)。

归一化操作使用的公式如下，其中 min 和 max 分别是一组数据的最小值和最大值。

$$x' = \frac{x - \min}{\max - \min}$$

举例如下：

```
import numpy as np
from sklearn.preprocessing import MinMaxScaler
scaler = MinMaxScaler()
data = [[90, 2, 10], [60, 4, 15], [75, 3, 13]]
print("归一化前: ")
print(np.array(data))
data_scaled = scaler.fit_transform(data)
print("归一化后: ")
print(data_scaled)
```

上述代码的输出结果：

```
归一化前:                    归一化后:
[[90  2  10]               [[1.  0.  0. ]
 [60  4  15]                [0.  1.  1. ]
 [75  3  13]]               [0.5 0.5 0.6]]
```

在归一化后的矩阵中，第 3 行第 3 列的元素为 0.6，其计算过程如下。

$$\frac{13 - 10}{15 - 10} = 0.6$$

8.1.2　特征标准化

为了消除极值[①]影响特征的归一化过程，研究人员提出了特征标准化。特征标准化将一组数据按比例缩放到某个特定区间。sklearn 库提供了 StandardScaler()方法执行标准化操作，其具体的语法格式如下。

---

① 这些极值很可能是数据噪声。

```
StandardScaler(copy=True, with_mean=True)
```
- copy：是否复制原数据，默认值为 True；
- with_mean：在缩放前将这组数据中心化，默认值为 True。

标准化操作使用的公式如下，其中 μ 和 σ 分别为一组数据的平均值和标准差。经过上述标准化操作后，一组数据都会聚集在 0 附近，标准差为 1。

$$x' = \frac{x - \mu}{\sigma}$$

举例如下：

```
from sklearn.preprocessing import StandardScaler
data = [[1.5, -1, 2], [2, 0, 0]]
print("标准化前: ")
print(np.array(data))
scaler = StandardScaler()
data_scaled = scaler.fit_transform(data)
print(f"均值: {scaler.mean_}")
print(f"标准差: {np.sqrt(scaler.var_)}")
print("标准化后: ")
print(data_scaled)
```

上述代码的输出结果：

标准化前：　　　　　　　标准化后：

```
[[ 1.5 -1.   2. ]        [[-1. -1.  1.]
 [ 2.   0.   0. ]]        [ 1.  1. -1.]]
均值: [1.75 -0.5  1.]
标准差: [0.25  0.5  1.]
```

读者可以验证，原矩阵第 2 列数据的均值为 -0.5，标准差为 0.5。

```
>>> lt = [-1, 0]              #原矩阵的第 2 列数据
>>> np.mean(lt)               #平均值
-0.5
>>> np.std(lt)                #标准差，std 即 standard deviation 的简写
0.5
```

因此，在标准化后的矩阵中，第 2 行第 2 列的元素为 1，其计算过程如下。

$$\frac{0 - (-0.5)}{0.5} = 1$$

8.1.3　特征鲁棒化

当一个数据集的异常值、离群点较多时，标准化操作并不能取得理想的效果，此时需要使用鲁棒化方法（Robustness）。sklearn 库提供了 RobustScaler() 方法执行鲁棒化操作，其基本的语法格式如下。

```
RobustScaler(quantile_range, with_centering, with_scaling)
```

- quantile_range：分位数范围，默认值为(25.0，75.0)；
- with_centering：在缩放前将这组数据中心化，默认值为 True；
- with_scaling：将这组数据缩放到四分位范围，默认值为 True。

鲁棒化操作使用的公式如下。其中，Q2 和 IQR(Inter-Quartile Range)分别为一组数据的中位数(第 2 四分位数[1])和四分位距。IQR＝Q3－Q1，其中 Q1 和 Q3 分别为第 1 四分位数(25%)和第 3 四分位数(75%)。

$$x' = \frac{x - Q2}{IQR}$$

举例如下：

```
from sklearn.preprocessing import RobustScaler
data = [[1, -2, 2], [-2, 1, 3], [4, 1, -2]]
print("鲁棒化前: ")
print(np.array(data))
scaler = RobustScaler()
data_robusted = scaler.fit_transform(data)
print("鲁棒化后: ")
print(data_robusted)
```

执行上述代码的输出结果：

```
鲁棒化前：              鲁棒化后：
[[ 1 -2  2]           [[ 0.  -2.   0. ]
 [-2  1  3]            [-1.   0.   0.4]
 [ 4  1 -2]]           [ 1.   0.  -1.6]]
```

在鲁棒化后的矩阵中，第 3 行第 3 列的元素为－1.6，其计算过程如下。

```
>>> lt = [2, 3, -2]              #原矩阵的第 3 列数据
>>> q1 = np.quantile(lt, 0.25)   #第 1 四分位数
>>> q1
0.0
>>> q2 = np.quantile(lt, 0.5)    #第 2 四分位数，即中位数
>>> q2
2.0
>>> q3 = np.quantile(lt, 0.75)   #第 3 四分位数
>>> q3
2.5
```

因此，

$$\frac{x - Q2}{IQR} = \frac{x - Q2}{Q3 - Q1} = \frac{-2 - 2.0}{2.5 - 0.0} = -1.6$$

8.1.4 特征规范化

前 3 节讲述的 3 种特征缩放方法以特征为单位，即以"列"为单位。与此相反，规范化操

---

[1] 将一组数据按照从小到大的顺序排列，排在第 25% 位置的数据就是第 1 四分位数 Q1。以此类推，第 2 四分位数为 Q2(也称中位数，50%)，第 3 四分位数为 Q3(75%)。

作(Normalization)以样本为单位,即以"行"为单位。sklearn 库提供了 normalize()方法执行规范化操作,其基本的语法格式如下。

```
normalize(X, norm='l2')
```

- X:数据向量;
- norm:范数,默认值为 l2。

规范化操作使用的公式如下。

$$x'_i = \frac{x_i}{\|X\|_2} = \frac{x_i}{\sqrt{\sum x_i^2}}$$

其中,$X=(x_1,x_2,\cdots,x_n)$。

举例如下:

```
from sklearn.preprocessing import normalize
data = [ [1, -1, 2], [2, 0, 0], [0, 1, -1] ]
data = np.array(data)
print("规范化前: ")
print(data)
data_normalized = normalize(data, norm='l2')
print("规范化后: ")
print(data_normalized.round(2))        #round(2)表示四舍五入到小数点后两位
```

上述代码的执行输出结果:

规范化前:　　　　　　　规范化后:

[[**1 -1　2**]　　　　　　[[0.41 -0.41　**0.82**]
 [2　0　0]　　　　　　 [1.　　0.　　0.　]
 [0　1 -1]]　　　　　　 [0.　　0.71 -0.71]]

在规范化后的矩阵中,第 1 行第 3 列的元素为 0.82,其计算过程如下。

$$\frac{2}{\sqrt{1^2+(-1)^2+2^2}} = \frac{\sqrt{6}}{3} \approx 0.82$$

在自然语言处理(NLP)等领域,常常将规范化与归一化、标准化、鲁棒化操作结合使用。

8.2　特征编码

特征编码用于将非数值型数据(如类别数据)转换成数值型数据,以便学习算法能够理解和处理。常见的特征编码有独热编码(One-Hot Encoding)、标签编码(Label Encoding)等。

8.2.1　独热编码

在机器学习领域经常会遇到各种离散值属性,如人的性别有男、女,水果有橘子、香蕉等。这些属性值并不是连续的,而是离散的、无序的,需要将它们数字化。独热编码正是用来解决这类问题的。离散值属性"水果"的独热编码如表 8-2 所示。

表 8-2　离散值属性"水果"的独热编码

水 果	独 热 编 码		
苹果	1	0	0
香蕉	0	1	0
橘子	0	0	1

因为只有一个值为1(热),其他为0(冷),因此这种解决方案被称为独热编码。sklearn库提供了一个独热编码器OneHotEncoder,它可以将离散值直接转换为独热向量。

举例如下：

```
>>> from sklearn.preprocessing import OneHotEncoder
>>> encoder = OneHotEncoder()
>>> data = [["橘子"],["苹果"],["香蕉"]]
>>> result = encoder.fit_transform(data)
>>> print(result)                    #输出稀疏矩阵,即只输出非零值
    (0, 0)    1.0                    #元素1.0的行、列下标为(0,0)
    (1, 1)    1.0
    (2, 2)    1.0
>>> result.toarray()                 #将稀疏矩阵转换为普通矩阵
array([[1., 0., 0.],
       [0., 1., 0.],
       [0., 0., 1.]])
```

8.2.2　其他非数值数据编码

在生产实践中,数据往往具有不同的类型,如数值型、字符型、布尔型等。机器学习模型只能处理数值型和布尔型数据。特征编码能够将任意类型的数据,如文本文档、图像,转换为可用于机器学习的数据格式。sklearn库的feature_extraction模块提供了6种特征编码方法,参见表8-3。

表 8-3　feature_extraction 模块提供的特征编码方法

方 法 名	功 能 说 明
DictVectorizer()	将字典转换为向量
FeatureHasher()	散列特征编码
text()	文本特征编码
image()	图片特征编码
text.CountVectorizer()	将文本转换为词频向量
text.TfidfVectorizer()	将文本转换为TFIDF向量

DictVectorizer()方法可以将数据字典转换为向量,其语法格式如下。

```
DictVectorizer(dtype=np.float64, separator="=", sparse=True,sort=True)
```

举例如下:

```
>>> from sklearn.feature_extraction import DictVectorizer
>>> data = [{"city":"上海", "temperature":100},\
            {"city":"北京", "temperature":60},\
            {"city":"深圳", "temperature":30}]
>>> dv = DictVectorizer(sparse=False)        #sparse=True 返回稀疏矩阵
>>> X = dv.fit_transform(data)
>>> X                                         #将离散值属性 city 进行独热编码
array([[  1.,   0.,   0., 100.],
       [  0.,   1.,   0.,  60.],
       [  0.,   0.,   1.,  30.]])
>>> features = dv.get_feature_names_out()    #得到数据集的所有特征
>>> print(features)
['city=上海' 'city=北京' 'city=深圳' 'temperature']
```

CountVectorizer()方法将文本转换为词频向量,其核心思想如下。

(1) 将单词作为文本的特征,并且忽略单词出现的先后顺序;

(2) 仅考虑单词在文本中的出现次数,即词频。

```
from sklearn.feature_extraction.text import CountVectorizer
text = ["orange banana apple grape", "banana apple apple", "orange apple"]
cv = CountVectorizer()
X = cv.fit_transform(text)                    #稀疏矩阵 X
print(cv.get_feature_names())                 #得到词频向量对应的特征
print(X.toarray())                            #将稀疏矩阵转换为普通矩阵 toarray()
```

上述代码的执行结果:

```
['apple', 'banana', 'grape', 'orange']        #词频向量对应的特征
[[1 1 1 1]
 [2 1 0 0]                                    #第 2 个词频向量
 [1 0 0 1]]
```

在第 2 个文档"banana apple apple"中,apple 出现了 2 次,banana 出现了 1 次,因此其对应的词频向量为[2 1 0 0]。

8.3 特征提取

降维(Dimensionality Reduction)是特征提取的一种方式。主分量分析(PCA)是目前已知的、最流行的降维技术。将图 8-1(a)中的二维数据分别投影到实线、虚线和点线上,结果如图 8-1(b)所示。由图 8-1(b)可知,实线上的投影最大程度地保留了原数据集的差异性(方差占原数据集的 95.1%),点线上保留的差异性最小(方差占原数据集的 4.9%),虚线上保留的差异性介于这两者之间。

图 8-1 的最佳投影轴是 c_1,c_1 是第一主分量,c_2 是第二主分量,任意两个主分量相互之

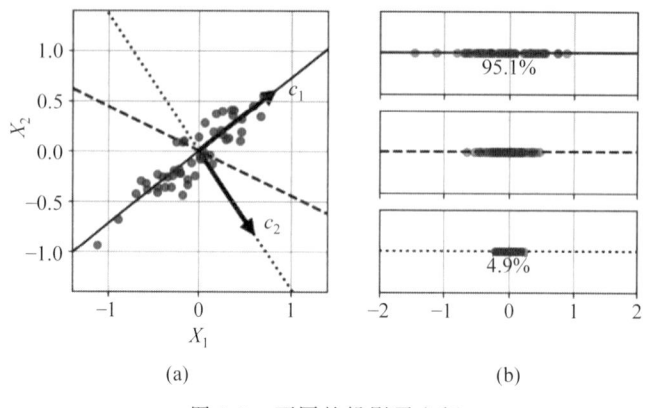

图 8-1　不同的投影子空间

间是正交的。

注意：将数据集进行降维时，必须最大限度地保留类别间数据的差异性，否则无法将不同类别的数据区分开。

sklearn 库使用奇异值分解（Singular Value Decomposition，SVD）来实现主分量分析。下列代码使用 PCA 技术将鸢尾花数据集的维数由四维降至二维。

```
import matplotlib as mpl
from sklearn.decomposition import PCA
from sklearn.datasets import load_iris
mpl.rc('xtick', labelsize=14)
mpl.rc('ytick', labelsize=14)

pca = PCA(n_components=2)          #实例 pca
iris = load_iris()                 #鸢尾花数据集
X = iris.data
X_2d = pca.fit_transform(X)
```

将降维后的数据集 X_2d 进行可视化，如图 8-2 所示。可视化的核心代码如下。

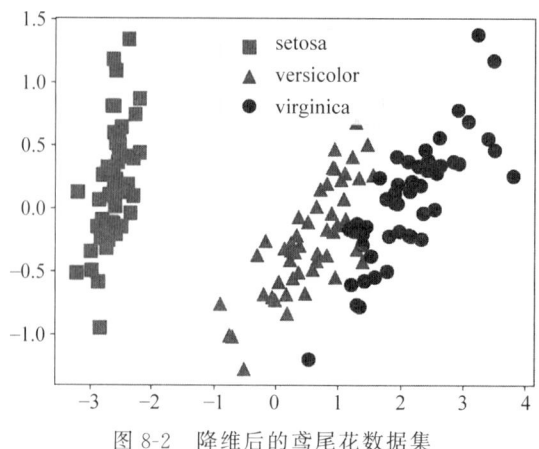

图 8-2　降维后的鸢尾花数据集

```
fig = plt.figure()
ax = fig.add_axes([0.1, 0.1, 0.8, 0.8])
#山鸢尾 setosa、变色鸢尾 versicolor、弗吉尼亚鸢尾 virginica
labels = ["setosa", "versicolor", "virginica"]
ax.scatter(X_2d[:50, 0], X_2d[:50, 1], c="red", marker="s", label=labels[0])
ax.scatter(X_2d[50:100, 0], X_2d[50:100, 1], c="green", marker="^", label=labels
[1])
ax.scatter(X_2d[100:150, 0], X_2d[100:150, 1], c="blue", label=labels[2])
plt.legend(fontsize=16)          #设置图例的字体大小
plt.show()
```

可通过实例 pca 的属性 components_ 访问各个主分量。注意，components_ 包含的主分量是水平向量，因此其第一主分量是 pca.components_.T[:, 0]。

```
>>> pca.components_.T[:, 0]         #T 即 Transpose,转置
array([ 0.36138659, -0.08452251,  0.85667061,  0.3582892 ])
>>> X.shape                         #原数据集由 150 行 4 列组成
(150, 4)
>>> X_2d.shape                      #降维后的数据集由 2 列组成
(150, 2)
```

属性 explained_variance_ratio_ 给出各个主分量的方差占数据集总方差的比率。

```
>>> print(pca.explained_variance_ratio_)
[0.92461872 0.05306648]
```

由此可知，第一和第二主分量的方差几乎占原数据集总方差的 97.8%。实例 pca 拥有的属性还包括 singular_values_[①]、mean_[②]等。

对数据集进行可视化时，通常将其维数降至二维或三维，实现方式是将参数 n_components 设置为 0.0 到 1.0 的一个浮点数，该浮点数代表期望保留的方差比。

```
>>> pca = PCA(n_components=0.95)    #期望保留的方差比为 95%
>>> X_reduced = pca.fit_transform(X)
```

由于篇幅所限，本书不再讲述投影（Projection）、核主分量分析（Kernel PCA）、局部线性嵌入（Locally Linear Embedding，LLE）等其他降维技术。

8.4 小结

特征工程是指通过应用领域知识来选择、创建、修改或删除特征，从而改善模型的预测性能的过程。特征工程包括特征提取、特征缩放、特征编码等几个子任务。不同特征可能会有不同的量纲和取值范围，如果不进行缩放，那么在训练模型时，那些具有较大数值范围的特征可能会主导模型的学习过程，导致模型表现不佳。特征缩放包括归一化、标准化、鲁棒化和规范化 4 种操作。

---

① 表示奇异值（Single Value）。
② 表示平均值（Mean）。

特征编码用于将非数值型数据(如类别数据)转换成数值型数据,以便学习算法能够理解和处理。常见的特征编码有独热编码、标签编码等。降维是特征提取的一种方式。主分量分析是目前已知的、最流行的降维技术之一。

练 习 题

1. 简述特征工程的定义。
2. 在什么情况下会导致数据集的维度灾难?
3. 为什么要对数据集的特征进行缩放?
4. 特征缩放的操作有几种? 分别是什么?
5. 写出 sklearn 库中提供的、与特征缩放操作相对应的函数。
6. 写出特征缩放操作中使用的数学公式。
7. 写出 sklearn 库提供的特征缩放类,如 MinMaxScaler、3 个常用的实例方法。
8. 已知列表 lt=[2,1,3,5,4],编程计算 lt 第二四分位数 Q2 的值。
9. 在一个数据集中,特征 fruit 的 3 种取值是"apple"、"orange"和"banana",请编程实现对特征 fruit 独热编码。
10. 编程实现将下列列表中出现的文字,text=["我们 是 中国人","我们 爱 祖国"],转换为词频向量(只输出普通矩阵,而不输出稀疏矩阵),同时输出与各个列对应的特征。
11. 对"乳腺癌"数据集进行降维处理,保留方差比 0.99,将降维后的数据集进行可视化,如图 8-3 所示。

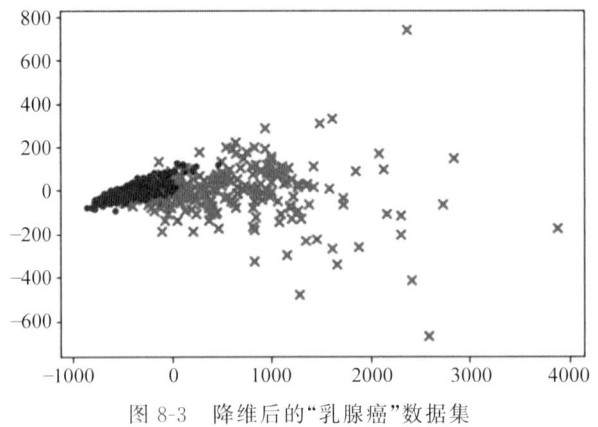

图 8-3 降维后的"乳腺癌"数据集

12. 特征缩放的规范化操作与其他操作有何区别?

第 9 章 文本分类

文本分类(Text Classification)是指根据文本内容自动确定所属类别的过程。文本分类的研究可以追溯到 20 世纪 60 年代,早期的文本分类主要基于知识工程(Knowledge Engineering),通过手工定义的规则实现对文本的分类。文本分类的目标是对未见(Unseen)文本文档进行分类或预测(Prediction)。图 9-1 给出了文本分类过程中涉及的主要步骤。

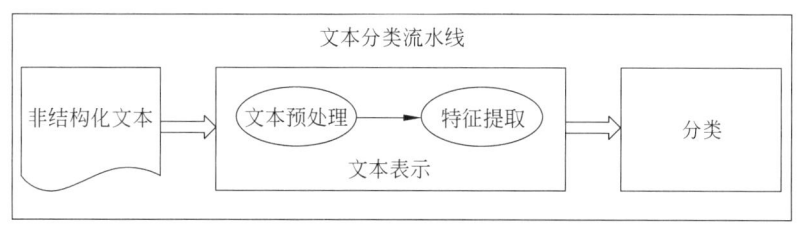

图 9-1 文本分类主要步骤

9.1 文本分类系统及其应用

常见的文本分类系统有两种类型,分别基于规则与机器学习技术。基于规则的文本分类系统使用一组手工构建的语言规则,将文本分配到指定的类别或组中。一个先行词(Antecedent)或模式(Pattern)再加上一个类别就构成了一条规则(Rule)。

假如有大量的新文档,想要把它们分门别类地放到体育、时政、经济等类别中。如果使用基于规则的分类系统,则需要对一定数量的文档进行人工审查,以便得出如下分类规则:

如果一个文档包含货币、GDP、通货膨胀等单词,那么它属于经济组(类别)。

基于规则的系统可以随着时间的推移而改进,而且规则对于人类而言是容易理解的。然而,这种策略也存在一些缺点。首先,构建系统必须对目标领域有足够的了解。领域专家需要花费大量的时间和精力,因为复杂系统的规则通常很难构建。其次,添加新规则的同时可能会改变现有规则的执行结果,这使得基于规则的分类系统难以维护,从而无法有效地扩展。

基于机器学习的文本分类是一个有监督的机器学习问题。它学习输入数据(原始文本)与标签(目标变量)之间的映射关系。与其他任何有监督学习一样,基于机器学习的文本分类包括训练和预测两个阶段,如图 9-2 所示。

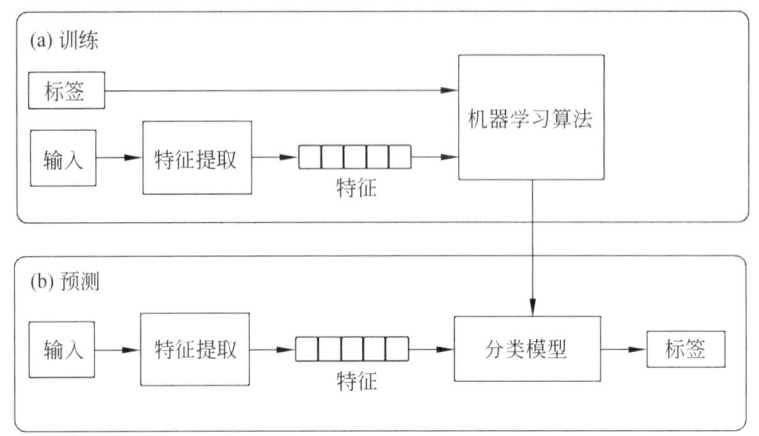

图 9-2 基于机器学习的文本分类系统

1. 训练阶段

在标签数据集上训练有监督的机器学习算法。在这个过程的最后,得到一个经过训练的分类模型,这样就可以用它预测未见数据的标签。

2. 预测阶段

一旦分类模型训练完成,就可以用它预测未见数据的标签。通常将最佳训练模型部署在服务器上,并且以应用程序编程接口(Application Programming Interface,API)的形式提供给用户使用。

文本分类系统在生产实践和日常生活中有哪些应用呢?下面给出 3 个应用实例。

(1) 垃圾邮件分类。垃圾邮件过滤器使用文本分类模型,将电子邮件分类为垃圾邮件(Spam)与非垃圾邮件(Non-spam),然后对其中的垃圾邮件进行拦截。

(2) 新闻与博客分类。在带有标签的数据集上训练监督学习模型。一旦完成模型训练,就可以将其应用到生产实践,实现对文本文档的自动分类。

(3) 客户请求分类。很多公司与企业使用文本分类模型,按照主题自动将客户请求进行分类,或者对请求进行优先排序,然后再发送到不同部门进行有针对性的处理。

9.2 文本预处理流程

预处理(Preprocessing)文本数据是 NLP 任务的一个重要步骤。文本预处理流程通常包括切分文本(Tokenization)、删除停用词(Stop Word)、词干提取(Stemming)和词形还原(Lemmatization)等任务,如图 9-3 所示。这些步骤有助于减小文本数据的规模,而且能够提高各项 NLP 任务的性能指标。

文本数据通常很难处理,因为它是非结构化的(Unstructured),并且包含大量噪声。噪声的表现形式为拼写错误、语法错误、格式不规范等。文本预处理流程旨在消除这些噪声,以使得文本数据易于分析。

特征提取(Feature Extraction)是指从原始文本中提取代表性特征的过程。特征提取

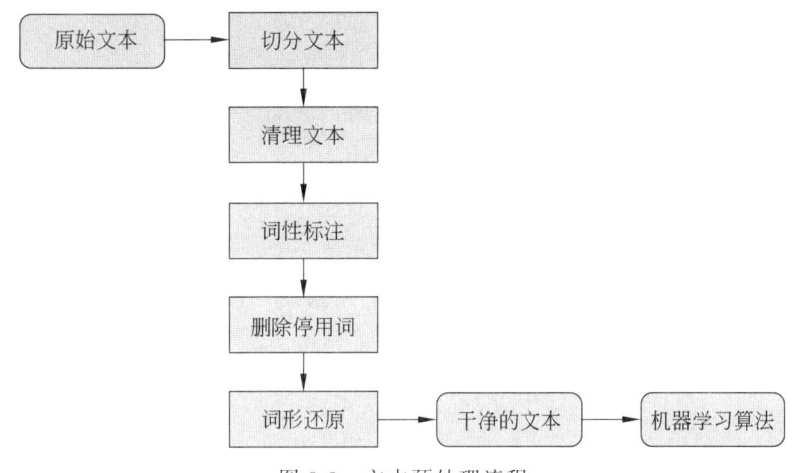

图 9-3 文本预处理流程

的两种最常用的方法是词袋模型[①]（Bag of Words,BoW）和词频-逆文档频率模型（Term Frequency-Inverse Document Frequency,TF-IDF）。

词袋模型是将文本数据向量化的一种最简单的方法。词袋模型首先创建语料库词汇表（Vocabulary），然后再将文档转换为对应的向量（Vector），其分量为单词在文档中出现的频率，即词频，如表 9-1 所示。

表 9-1 词袋模型

文 档	amazing	china	chinese	dream	great	mission
amazing China China	1	2	0	0	0	0
great Chinese dream dream	0	0	1	2	1	0
Chinese mission	0	0	1	0	0	1

TF-IDF 模型是将文本数据向量化的另一种方式。TF-IDF 模型认为如果某个词或短语（也称为特征）在一篇文档中出现的频率高（即 TF 值大），而在其他文档中很少出现（即 IDF 值大），则该特征具有很好的类别区分能力，适合用于文本分类任务。

$$TF = \frac{特征在文档中的出现次数}{所有文档特征的出现次数之和}$$

$$IDF = \log \frac{文档总数}{包含该特征的文档数 + 1}$$

$$TF\text{-}IDF = TF \times IDF$$

与词袋模型相比，TF-IDF 模型不仅考虑了文档中特征的出现频率，还考虑了特征的逆文档频率。TF 和 IDF 各自携带着特征的局部信息和全局信息，而 TF-IDF 模型将特征的这两种信息进行了整合。这意味着 TF-IDF 模型比词袋模型更有可能识别出文档的重要特征。

---

① sklearn 平台的 CountVectorizer 类实现了词袋模型。

9.3 应用举例

本节使用垃圾短信数据集 SMS[①] Spam Collection 进行英文文本分类实验,使用清华大学 NLP 小组提供的 THUCNews 新闻数据集进行中文文本分类实验。

9.3.1 英文文本分类

SMS Spam Collection 数据集包含 5574 条英文短信,其中 spam 垃圾短信 747 条、ham 非垃圾短信 4827 条。实验目标是训练一个基于机器学习的文本分类模型,该模型从短信和标签中学习,进而能够预测未见短信的类别。

```
>>> import pandas as pd
>>> import re
>>> data = []
>>> with open(r"datasets/SMSSpam.txt", encoding='latin-1') as fp:
    for line in fp:
        lt = re.split("\s+", line.strip(), 1)      #只切割 1 次
        data.append(lt)
>>> df = pd.DataFrame(data)
>>> df.columns = ['label', 'text']                 #修改列标题为 label 和 text
>>> df.head()                                      #默认查看前 5 条记录
    label                              text
0   ham    Go until jurong point, crazy.. Available only ...
1   ham                       Ok lar... Joking wif u oni...
2   spam   Free entry in 2 a wkly comp to win FA Cup fina...
3   ham    U dun say so early hor... U c already then say...
4   ham    Nah I don't think he goes to usf, he lives aro...
```

首先做一些基本的数据探索性分析,看看数据集是否有缺失值(Missing Value),以及目标值的分布情况。

```
>>> df.isna().sum()                                #df.isna()的别名是 df.isnull()
label   0                                          #label 列没有缺失值
text    0                                          #text 列没有缺失值
dtype: int64
>>> df.shape                                       #数据集的形状
(5574, 2)                                          #5574 行 2 列
>>> df['label'].value_counts(normalize=True)
ham    0.865985                                    #目标值 ham 所占比例
spam   0.134015                                    #目标值 spam 所占比例
Name: label, dtype: float64
```

接着进行文本预处理,依次遍历所有 5574 个文档并执行如下操作。

---

① SMS,即 Short Message Service,短信服务。

- 删除特殊字符；
- 将单词转换为小写形式；
- 切分文本；
- 删除停用词；
- 词干提取；
- 词形还原。

```python
>>> text = list(df['text'])                              #创建文本列表
>>> from nltk.corpus import stopwords
>>> from nltk.stem import WordNetLemmatizer
>>> from nltk.stem import PorterStemmer
>>> stemmer = PorterStemmer()
>>> lemmatizer = WordNetLemmatizer()
>>> corpus = []
>>> for idx in range(len(text)):                         #文档序号 idx
        #除了 52 个大小写英文字母,其他字符一律用空格代替
        txt = re.sub('[^a-zA-Z]', ' ', text[idx])
        txt = txt.lower()                                #将单词转换为小写形式
        txt = txt.split()                                #切分文本,即分词
        txt = [word for word in txt if word not in stopwords.words('english')]
                                                         #删除停用词
        txt = [stemmer.stem(word) for word in txt]       #词干提取
        txt = [lemmatizer.lemmatize(word) for word in txt] #词形还原
        txt = ' '.join(txt)
        corpus.append(txt)
>>> df['text'] = corpus
>>> df.head()
```

上述代码的输出结果如图 9-4 所示。词干提取是指去除词缀得到词根的过程,如 plays、played、playing 具有同一词干 play,available 的词干为 avail。词形还原基于词典,将单词的复杂形态转换成最基础的形态,如 cats 词形还原的结果为 cat。

```
  label                                               text
0   ham    go jurong point crazi avail bugi n great world...
1   ham                        ok lar joke wif u oni
2  spam    free entri wkli comp win fa cup final tkt st m...
3   ham                  u dun say earli hor u c alreadi say
4   ham              nah i think goe usf live around though
```

图 9-4　经过预处理以后的前 5 条 SMS 记录

接下来在进行特征提取之前,需要将数据集划分为训练集和测试集两部分。

```python
>>> X = df['text']
>>> y = df['label']
>>> from sklearn.model_selection import train_test_split
#训练集占 67%,测试集占 33%
>>> X_train, X_test, y_train, y_test = train_test_split(X, y, test_size=0.33,
```

```
random_state=42)
>>> X_train.shape                    #训练集是一维数组,有 3734 个元素
(3734,)
>>> y_train.shape
(3734,)
>>> X_test.shape                     #测试集是一维数组,有 1840 个元素
(1840,)
>>> y_test.shape
(1840,)
```

使用词袋模型将预处理后的文本进行向量化,这是训练学习模型的必要步骤。

```
>>> from sklearn.feature_extraction.text import CountVectorizer
>>> cv = CountVectorizer()
>>> X_train_transformed = cv.fit_transform(X_train)  #注意是 fit_transform()
>>> X_train_transformed.shape
(3734, 5221)                                         #3734 行 5221 列
```

接下来训练一个 Logistic 回归模型,输出该训练模型的混淆矩阵(Confusion Matrix)。

```
>>> from sklearn.linear_model import LogisticRegression
>>> log_reg = LogisticRegression()
>>> log_reg.fit(X_train_transformed, y_train)        #注意不是 fit_transform()
LogisticRegression()
```

测试集也需要使用词袋模型,将测试文本进行向量化。

```
>>> X_test_transformed = cv.transform(X_test)        #注意不是 fit_transform()
>>> predictions = log_reg.predict(X_test_transformed)
>>> predictions
array(['ham', 'ham', 'ham', ..., 'ham', 'ham', 'spam'], dtype=object)
>>> from sklearn.metrics import confusion_matrix
>>> result = pd.DataFrame(confusion_matrix(y_test, predictions), index=['ham',
'spam'], columns=['ham', 'spam'])
>>> result
      ham   spam
ham   1580  5
spam  28    227
```

由上述混淆矩阵可以知道,测试集一共包含 1580+5=1585 封非垃圾短信 ham,其中有 5 封被错误地分类为垃圾短信 spam,而 28+227=255 封垃圾短信 spam 中有 28 封被错误地分类为非垃圾短信 ham。

9.3.2 中文文本分类

本节使用清华大学 NLP 小组提供的 THUCNews 新闻数据集的子集进行文本分类实验。该数据集共有 10 个类别,每个类别包含 6500 条新闻。

```
>>>import pandas as pd
```

```
#数据集涉及的10个类别(Category)
>>>cats = ['体育', '财经', '房产', '家居', '教育', '科技', '时尚', '时政', '游戏', '娱乐']
#加载训练集
>>> train_data = pd.read_csv("cnews_train.txt", sep='\t', names=['label', 'content'])
>>>train_data[:1]                    #查看训练集的第1条记录
    label   content
0   体育    马晓旭意外受伤让国奥警惕 无奈大雨格外青睐殷家军记者...
#加载测试集
>>>test_data = pd.read_csv("cnews_test.txt", sep="\t", names=['label', 'content'])
>>> test_data[:1]                    #查看测试集的第1条记录
    label   content
0   体育    鲍勃库西奖归谁属？NCAA最强控卫是坎巴还是弗神...
#加载验证集(Validation)
>>>val_data = pd.read_csv("cnews_val.txt", sep="\t", names=['label', 'content'])
>>> len(train_data)                  #训练集共有50000条记录
50000
>>> len(test_data)                   #测试集共有10000条记录
10000
>>> len(val_data)                    #验证集共有5000条记录
5000
```

这3个数据集合计65000条记录。下面自定义函数convert_label()，将数据集的标签由文本型转换为数字型。

```
def convert_label(y_train):
    #cat2id形式为{'体育': 0, '财经': 1, …}
    cat2id = dict(zip(cats, range(len(cats))))
    label = []
    for cat in y_train:
        label.append(cat2id[cat])
    return label
>>> y_train = convert_label(train_data['label'])     #转换训练集标签
>>> y_train[:10]
[0, 0, 0, 0, 0, 0, 0, 0, 0, 0]
>>>y_test = convert_label(test_data['label'])        #转换测试集标签
>>>y_val = convert_label(val_data['label'])          #转换验证集标签
```

自定义函数cut_chinese()对中文文档执行分词操作。

```
import jieba
def cut_chinese(txt):
    return " ".join(jieba.cut(txt))
#在content列上(即新闻文本内容)执行函数cut_chinese()
>>>X_train = train_data['content'].apply(cut_chinese)
```

```
>>> X_train[:1]
0    马晓旭 意外 受伤 让 国奥 警惕 无奈 大雨 格外 青睐...
#将 X_train 由 Series 转换为 DataFrame
>>>X_train = pd.DataFrame(X_train)
>>>X_test = test_data['content'].apply(cut_chinese)  #对测试集进行分词处理
>>>X_test = pd.DataFrame(X_test)
>>>X_val = val_data['content'].apply(cut_chinese)    #对验证集进行分词处理
>>>X_val = pd.DataFrame(X_val)
```

模型训练与评估如下。

接下来,使用词袋模型将预处理后的文本特征向量化。

```
>>>from sklearn.feature_extraction.text import CountVectorizer
>>>cv = CountVectorizer()                            #词频向量转换器
#得到训练集的词频向量
>>>X_train_transformed = cv.fit_transform(X_train['content'])
>>>log_reg = LogisticRegression()                    #训练 Logistic 回归模型
>>>log_reg.fit(X_train_transformed, y_train)
#得到测试集的词频向量,注意使用 transform()方法,而不是 fit_transform()方法
>>>X_test_transformed = cv.transform(X_test['content'])
>>>predictions = log_reg.predict(X_test_transformed)
>>>conf_matrix = confusion_matrix(y_test, predictions)
>>>result = pd.DataFrame(conf_matrix, index=cats, columns=cats)
>>>print(f"confusion matrix =\n {result}")①
```

上述代码的输出结果:

```
confusion matrix =
      体育   财经   房产   家居   教育   科技   时尚   时政   游戏   娱乐
体育   996    0    0    1    0    0    0    1    2    0
财经    0   990    4    2    0    1    0    3    0    0
房产    1   37   922   5    7    1    8   17    1    1
家居    5   14   59  850   12   16   22   16    3    3
教育    3    6    1    9   922  26    2   22    6    3
科技    0    0    0   14    1   976   5    1    2    1
时尚    0    0    0   20    4    0   973   1    0    2
时政    0    7    7    2    4    4    1   974   1    0
游戏    0    1    0    9    0    4   11    1   972   2
娱乐    0    2    1    7    2    3    4    0    4   977
```

由上述混淆矩阵可知,类别"娱乐"的召回率(Recall)是 977/1000=97.7%。

在通常情况下,使用训练集和验证集进行模型的选择与调参,然后从中选择一个最佳模型。最佳模型在交付给用户使用之前,需要完成以下工作。

---

① 代码 pd.set_option("display.unicode.east_asian_width", True)用于解决 DataFrame 列包含中文时,导致列无法对齐的问题。

(1) 将训练集和验证集合并;

(2) 最佳模型在合并后的数据集上进行最后一次训练;

(3) 使用测试集得到最佳模型的各项性能指标。

```
#合并训练集和测试集
>>>X = pd.concat([X_train, X_test], ignore_index=True)
>>>X_transformed = cv.fit_transform(X['content'])        #得到词频向量
>>>y_train.extend(y_test)                                #合并训练集与测试集标签
>>>log_reg = LogisticRegression()
>>>log_reg.fit(X_transformed, y_train)                   #训练
>>>X_val_transformed = cv.transform(X_val['content'])    #得到验证集词频向量
>>>predictions = log_reg.predict(X_val_transformed)      #预测
>>>conf_matrix = confusion_matrix(y_val, predictions)    #计算混淆矩阵
>>>result = pd.DataFrame(conf_matrix, index=cats, columns=cats)
>>>print(f"confusion matrix =\n {result}")               #输出结果省略
```

最终得到的分类模型的性能[①]在"财经"类别上保持不变,在"体育""时政"和"娱乐"3个类别上有所降低,其中"娱乐"类别下降最多。在其他6个类别上的性能都有所提升,其中"家居"提升的幅度最大。读者可将上述混淆矩阵输出,并与上一个混淆矩阵进行对比。

9.4 朴素贝叶斯

贝叶斯分类器(Bayes Classifier)是一种基于贝叶斯理论的统计分类技术。朴素贝叶斯是最简单的监督学习算法之一。朴素贝叶斯算法快速、准确、可靠,它在大型数据集上具有较高的运行速度和分类精度。

朴素贝叶斯假定在类别标签已知的情况下,特征之间是相互独立的,这极大地简化了概率的计算。通常这种假设在现实世界中是不成立的,故称为朴素贝叶斯。即使在违反独立性假设的情况下,该算法仍然具有良好的性能。朴素贝叶斯分类器使用的公式如下。

$$P(C \mid d) = \frac{P(C \bigcap d)}{P(d)}$$

$$= \frac{P(C) \cdot P(d \mid C)}{P(d)} \propto P(C) \cdot P(w_1 \mid C) \cdot P(w_2 \mid C) \cdots P(w_n \mid C)$$

其中,C 是类别,$w_1, w_2, \cdots, w_n$ 是文档 d 的所有特征,$P(C)$ 是类别 C 的先验概率(Prior Probability),$P(w_i \mid C)$ 是特征 w_i 在类别 C 中出现的概率。

由表 9-2 可知,训练集由 5 个文档和 2 个类别组成,读者试着使用上述公式计算概率 $P(C_1 \mid d_1)$ 的值。

[①] 此处的性能主要是指召回率等。

表 9-2 朴素贝叶斯分类器的训练数据

文档	类别	特 征				
d_1	C_1	w_1	w_2	w_3		
d_2	C_1	w_1	w_2			
d_3	C_1	w_1				
d_4	C_2		w_2		w_4	w_5
d_5	C_2			w_3	w_4	

$$P(C_1) = \frac{3}{5}$$

$$P(w_1 \mid C_1) = 1$$

$$P(w_2 \mid C_1) = \frac{2}{3}$$

$$P(w_3 \mid C_1) = \frac{1}{3}$$

$$P(C_1 \mid d_1) = P(C_1) \times P(w_1 \mid C_1) \times P(w_2 \mid C_1) \times P(w_3 \mid C_1) = \frac{3}{5} \times 1 \times \frac{2}{3} \times \frac{1}{3} = \frac{2}{15}$$

下面在鸢尾花(Iris)数据集上,使用高斯朴素贝叶斯分类器(GaussianNB)进行实验。

```
from sklearn.model_selection import train_test_split
#高斯朴素贝叶斯GaussianNB,适合于特征取连续值的情况
from sklearn.naive_bayes import GaussianNB
from sklearn.datasets import load_iris
X, y = load_iris(return_X_y=True)          #加载鸢尾花数据集
X_train, X_test, y_train, y_test = train_test_split(X, y, train_size=0.5, random_state=0)
gnb = GaussianNB()
gnb.fit(X_train, y_train)                  #训练分类器
result = gnb.score(X_test, y_test)         #测试分类器
print("模型得分: {:.2f}".format(result))
```

上述代码的输出结果:

模型得分: 0.95

除了高斯朴素贝叶斯(GaussianNB),sklearn平台还提供了伯努利朴素贝叶斯分类器(BernoulliNB)和多项式朴素贝叶斯分类器(MultinomialNB),前者适于特征取非负离散值的情况,后者适于文本分类任务中的频数或频率数据。

```
from sklearn.naive_bayes import MultinomialNB
from sklearn.naive_bayes import BernoulliNB
```

9.5 性能评价指标

不同的机器学习任务往往使用不同的评价指标,即使同一任务有时也会因为侧重点的不同而使用不同的评价指标。衡量一个分类算法的性能通常使用 8 个指标,如表 9-3 所示。

在 sklearn 库的 metrics 模块中提供了这些评价指标的函数实现。

表 9-3 分类算法的评价指标

评价指标	对应的函数	评价指标	对应的函数
混淆矩阵	confusion_matrix()	F1 值	f1_score()
准确率	accuracy_score()	ROC 曲线	roc_curve()
精度	precision_score()	AUC 面积	roc_auc_score()
召回率	recall_score()	分类报告	classification_report()

9.5.1 混淆矩阵

混淆矩阵(Confusion Matrix)的"行"代表真实值,"列"代表预测值。表 9-4 给出了分类目标"猫"和"其他动物"的混淆矩阵。该分类器一共预测出 8 只猫(6+2),12 只其他动物(4+8)。在预测出的 8 只猫中,有 6 只预测正确;而在预测出的 12 只其他动物中,有 8 只预测正确。

表 9-4 "猫"与"其他动物"的混淆矩阵

混淆矩阵		预 测 值	
		猫	其他动物
真实值	猫	6	4
	其他动物	2	8

根据表 9-4 中给出的混淆矩阵,可以很方便地计算出准确率、精度、召回率和 F1 值 4 个评价指标。

准确率 Accuracy=(6+8)/(6+4+2+8)=14/20；

精度 Precision=6/(6+2)=6/8；

召回率 Recall=6/(6+4)=6/10；

F1 值=2/(1/Precision+1/Recall)=2/(8/6+10/6)=12/18。

举例如下：

```
import pandas as pd
from sklearn.metrics import confusion_matrix
y_true = ['cat', 'bird', 'cat', 'bird', 'bird']    #样本的真实目标值
y_pred = ['bird', 'bird', 'cat', 'bird', 'cat']    #分类器的预测值
matrix = confusion_matrix(y_true, y_pred, labels=['cat', 'bird'])
matrix = pd.DataFrame(matrix)
matrix.columns = ['cat', 'bird']
matrix.index = ['cat', 'bird']
print(matrix)
```

上述代码的输出结果：

```
     cat  bird
```

```
cat     1    1
bird    1    2
```

正确的预测结果分布在混淆矩阵的主对角线上;而主对角线以外的其他数据是错误的预测结果。

9.5.2 准确率

准确率(Accuracy)等于预测正确的样本数除以样本总数。混淆矩阵如表 9-5 所示。

表 9-5 混淆矩阵

混淆矩阵		预 测 值	
		Positive	Negative
真实值	True	TP	FN
	False	FP	TN

在表 9-5 中,TP 指 True Positive,真正例;FN 指 False Negative,假负例;FP 指 False Positive,假正例;TN 指 True Negative,真负例。准确率的计算公式如下。

$$Accuracy = \frac{TP + TN}{TP + FN + FP + TN}$$

举例如下:

```
from sklearn.metrics import accuracy_score
accuracy = accuracy_score(y_true, y_pred)
print(f"准确率: {accuracy}")
# 参数 normalize 默认值 True
correct_num = accuracy_score(y_true, y_pred, normalize=False)
print(f"预测正确的样本数: {correct_num}")
```

上述代码的输出结果:

```
准确率: 0.6
预测正确的样本数: 3            # 0.6 = 3 / 5,分母 5 是样本总数
```

9.5.3 精度、召回率和 F1 值

精度(Precision)又称为查准率,它等于正确预测的正例数除以预测为正例的样本数。精度的计算公式如下。

$$Precision = \frac{TP}{TP + FP}$$

举例如下:

```
from sklearn.metrics import precision_score
# 正例标签 pos_label 的默认值 1
precision = precision_score(y_true, y_pred, pos_label='cat')
print(f"精度: {precision}")
```

上述代码的输出结果：

精度：0.5

precision_score()函数还有一个 average 参数，其可能的取值为 binary（默认值）、macro、micro、weighted、samples 和 None。读者尝试查阅资料搞清楚这些值代表的含义。

召回率(Recall)又称为查全率，它等于正确预测的正例数除以正例总数。召回率的计算公式如下。

$$\text{Recall} = \frac{\text{TP}}{\text{TP}+\text{FN}}$$

举例如下：

```
from sklearn.metrics import recall_score
#正例标签 pos_label 的默认值为 1
recall = recall_score(y_true, y_pred, pos_label="cat")
print(f"召回率：{recall}")
```

上述代码的输出结果：

召回率：0.5

与精度计算函数 precision_score()一样，recall_score()召回率计算函数也有一个 average 参数。它同样有 6 种可能的取值。

F1 值对精度与召回率进行折中，它同时兼顾了这两个评价指标。实际上，F1 值是精度与召回率的调和平均数。当精度与召回率的值都高时，F1 值才会高。F1 值的计算公式如下。

$$F1 = \frac{2}{\dfrac{1}{\text{Precision}}+\dfrac{1}{\text{Recall}}} = \frac{2\times\text{Precision}\times\text{Recall}}{\text{Precision}+\text{Recall}}$$

调和平均数容易受极值的影响，且受极小值的影响比极大值更大。

举例如下：

```
from sklearn.metrics import f1_score
#正例标签 pos_label 的默认值 1
f1 = f1_score(y_true, y_pred, pos_label="cat")
print(f"F1 值：{f1}")
```

上述代码的输出结果：

F1 值：0.5

与 precision_score()函数、recall_score()函数一样，f1_score()函数也有一个 average 参数。

9.5.4 ROC 曲线与 AUC 面积

ROC 曲线是受试者工作特征(Receiver Operating Characteristic)曲线。ROC 曲线的横坐标是 FPR(False Positive Rate，假正率)，纵坐标是 TPR(True Positive Rate，真正率)，两者的计算公式如下。

$$\mathrm{FPR} = \frac{\mathrm{FP}}{\mathrm{FP+TN}}, \quad \mathrm{TPR} = \frac{\mathrm{TP}}{\mathrm{TP+FN}} = \mathrm{Recall}$$

简单地说，FPR 表示真负例被错误分类的比率，而 TPR 则表示真正例被正确分类的比率。由表 9-4 中的数据可知，FPR＝2/(2＋8)＝0.2，TPR＝6/(6＋4)＝0.6。

举例如下：

```
from sklearn.metrics import roc_curve
y_true = ['cat', 'cat', 'bird', 'bird']    #样本的真实目标值
y_score = [0.35, 0.8, 0.1, 0.4]            #列表 y_true 的元素为目标值 cat 的概率
fpr, tpr, theta = roc_curve(y_true, y_score, pos_label="cat")
print(f"FPR: {fpr}")
print(f"TPR: {tpr}")
print(f"threshold: {theta}")
```

上述代码的输出结果：

```
FPR: [0.  0.  0.5 0.5 1.]
TPR: [0.  0.5 0.5 1.  1.]
threshold: [1.8 0.8 0.4 0.35 0.1]
```

在上述例子中，列表 y_score 中的元素值是列表 y_true 对应元素被预测为目标值 cat 的概率，如 0.1 就是第一个 bird 被预测为 cat 的概率。与上述例子相对应的 ROC 曲线与 AUC 面积如图 9-5 所示。

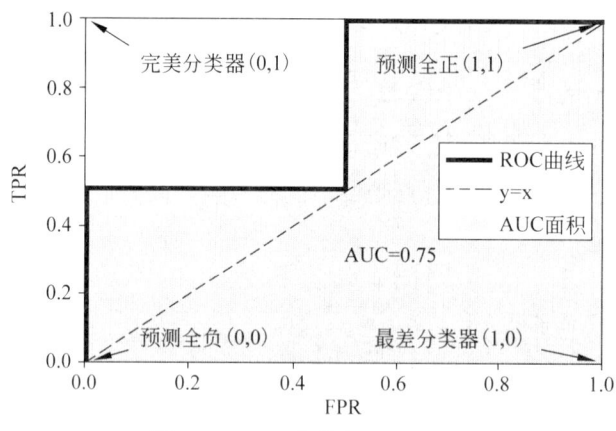

图 9-5 ROC 曲线与 AUC 面积

下面考虑 ROC 曲线图中的 4 个特殊点。

第一个点(0,1)，即 FPR＝0，TPR＝1。这是一个完美分类器，真负例被错误分类的比例为 0，真正例被正确分类的比例为 1，即所有样本的预测值与真实目标值相同。

第二个点(1,0)，即 FPR＝1，TPR＝0。这是一个最差分类器，真负例被错误分类的比例为 1，真正例被正确分类的比例为 0，即所有样本的预测值与真实目标值不相同。

第三个点(0,0)，即 FPR＝0，TPR＝0。真负例被错误分类的比例为 0，真正例被正确分类的比例也为 0，即将所有样本都预测为负例。

第四个点(1,1)，即 FPR＝1，TPR＝1。真负例被错误分类的比例为 1，真正例被正确分

类的比例也为1,即将所有样本都预测为正例。

显然,ROC曲线距离第一个点越近,分类器的性能越好。

继续考虑ROC曲线图中的虚线$y=x$上的点。这条对角线上的点表示的是一个随机分类器的预测结果,如(0.5,0.5)表示该分类器将50%的真负例预测为正例,而将50%的真正例预测为负例。

那么怎样绘制ROC曲线呢？首先将列表y_score按降序排列(列表y_true中的元素顺序也要同步进行调整);然后依次选取列表threshold中的值作为阈值,预测值大于或等于阈值的样本被视为正例,否则为负例;分别计算FPR和TPR的值;将计算得到的一系列点(FPR,TPR)绘制在直角坐标系中,最终得到ROC曲线。绘制ROC曲线的具体实例参见课后练习题。

当直角坐标系内的多条ROC曲线交织在一起时,很难分清哪个分类器的性能更好,此时就需要借助于AUC(Area Under ROC Curve)面积。AUC面积是指ROC曲线下的面积,如图9-5所示。由于ROC曲线一般都位于$y=x$直线的上方,因此AUC面积的取值范围为0.5~1。AUC面积越接近于1,对应的分类器性能越好。

举例如下：

```
from sklearn.metrics import roc_auc_score
y_true = ['cat', 'cat', 'bird', 'bird']      #样本的真实目标值
y_score = [0.35, 0.8, 0.1, 0.4]              #列表y_true的元素为目标值cat的概率
score = roc_auc_score(y_true, y_score)
print("auc_score =", score)
```

上述代码的输出结果：

```
auc_score = 0.75
```

9.5.5 分类报告

分类报告将精度、召回率、F1值等评价指标整合在一起。使用metrics模块中的classification_report()函数得到分类报告。classification_report()函数的基本语法如下。

```
classification_report(y_true, y_pred, target_names=None)
```

- y_true：一维数组,样本的真实目标值,为必选参数;
- y_pred：一维数组,对应元素为目标值的概率,为必选参数;
- target_names：字符串列表,类别名称,为可选参数。

举例如下：

```
from sklearn.metrics import classification_report
y_true = [0, 1, 2, 2, 2]                     #样本的真实目标值
y_pred = [0, 0, 2, 2, 1]                     #分类器的预测值
#class zero与0对应,其他值以此类推
names = ["class zero", "class one", "class two"]
report = classification_report (y_true, y_pred, target_names=names)
print(report)
```

上述代码的输出结果如图9-6所示。

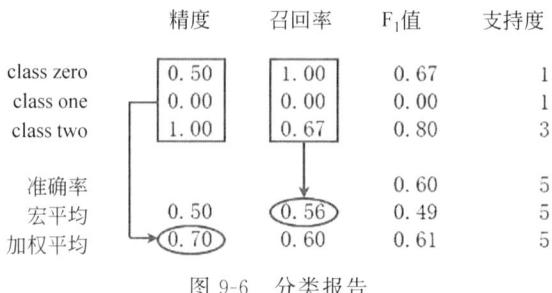

图9-6 分类报告

在y_true列表中,元素0、1、2的个数依次为1、1、3,因此3个类class zero、class one、class two的支持度(Support)分别为1、1、3。准确率=3/5=0.6,其中3是正确预测的样本数,5是样本总数。为了便于计算class zero的精度,下面以表格的形式展示与类别class zero对应的混淆矩阵(将class one和class two视为非class zero类,即表9-6中的class nonzero)。

表9-6 class zero与class nonzero的混淆矩阵

混淆矩阵		预 测 值	
^^	^^	class zero	class nonzero
真实值	class zero	1	0
^^	class nonzero	1	3

宏平均(Macro avg)以类为单位进行计算,这里有三个类,分别是class zero、class one和class two。加权平均(Weighted avg)以样本为单位进行计算,class zero、class one和class two三个类的样本数分别为1、1和3,因此这三个类的权重分别为1/5、1/5和3/5。

下面给出分类报告中,"宏平均"所在行"召回率"宏平均值0.56的计算过程:

$$\frac{1.00+0.00+0.67}{3} \approx 0.56$$

再看"加权平均"所在行"精度"加权平均值0.7的计算过程:

$$\frac{1}{5} \times 0.50 + \frac{1}{5} \times 0.00 + \frac{3}{5} \times 1.00 = 0.7$$

上述计算过程中使用的分数$\frac{1}{5}$、$\frac{1}{5}$和$\frac{3}{5}$分别是三个类class zero、class one和class two的权重。

9.6 小结

文本分类是指根据文本内容自动确定文本类别的过程,其目标是对未见文本文档进行分类或预测。文本预处理是任何NLP任务的一个重要步骤。文本预处理流程通常包括切分文本、删除停用词、提取词干和还原词形等任务。特征提取从原始数据中提取具有代表性的特征,其常用的方法有词袋模型和词频-逆文档频率。

衡量一个分类算法的性能通常使用 8 个指标,分别是混淆矩阵、准确率、精度、召回率、F1 值、ROC 曲线、AUC 面积和分类报告。分类报告将精度、召回率、F1 值等评价指标整合在一起。

练 习 题

1. 什么叫作文本分类?
2. 文本分类系统分为几种类型? 它们分别是什么?
3. 英文文本预处理流程包括哪些步骤?
4. 文本数据通常会包含很多噪声,它们的表现形式有哪些?
5. 对文本数据进行预处理有哪些好处?
6. 什么叫作特征提取?
7. 两种最常见的特征提取方法是什么?
8. 给定词汇表['a':0, 'b':1, 'c':2]和如下 3 个文档,分别使用词袋模型和词频-逆文档频率模型,将文档 d1 转换为数字向量。

   d1: a a b c

   d2: a a a

   d3: b b

9. 在 sklearn 平台中,能够将数据集划分为训练集和测试集的函数是什么?
10. 加载鸢尾花数据集,输出其包含的所有 4 个特征的名称。
11. 编写代码删除字符串 s="good#=&luck@"中的特殊字符。
12. 编写代码将字符串 s="Good gOOd"中的所有单词转换为小写形式。
13. 编写代码切分字符串 s="one two three",得到词汇列表 lt=["one", "two", "three"]。
14. 编写代码对单词 available 进行词干提取。
15. 编写代码将列表 lt=['cars', 'men', 'running', 'ate']中的所有单词进行词形还原。
16. 查阅资料说出词干提取与词形还原的主要区别。
17. 查阅资料回答问题,在 NLP 中为什么要执行词干提取和词形还原操作?
18. 将字符串 s="青年是祖国的未来,党和国家把希望寄托在青年身上。"进行切词,然后删除出现在列表 lt=['在', '的', '把', '是', ',', '。']中的标点符号和单词,输出结果如下。

    '青年 祖国 未来 党和国家 希望 寄托 青年 身上'

19. 使用多项式朴素贝叶斯分类器(MultinomialNB),将手写数字数据集 load_digits 进行分类,其中数据集的 75%用于训练,其余 25%用于测试,输出分类器的得分。
20. 已知训练集的标签列表 y_true=[0,0,1,1,0,1],一个分类器的预测结果 y_pred=[1,0,0,1,0,1],请写出这个分类器的混淆矩阵。
21. 泛化 F_1 得到一个更一般化的公式 F_β:

$$F_\beta = \frac{(1+\beta^2) \cdot precision \cdot recall}{\beta^2 \cdot precision + recall}$$

当 $\beta>1$ 时，F_β 值受哪个性能指标的影响更大？

22. 给定下列程序代码，试着将表 9-7 中的数据补充完整（运算结果是浮点数的，请保留两位小数）。

```
y_true = [1, 0, 0, 2, 1]
y_pred = [1, 0, 1, 2, 1]
report = classification_report(y_true, y_pred, labels=[0, 1, 2])
print(report)
```

表 9-7 分类报告

category	precision	recall	f1-score	support
0	1.00	0.50	0.67	(1)
1	0.67	1.00	0.80	2
2	1.00	1.00	1.00	1
accuracy			(2)	(3)
macro avg	(4)	(5)	(6)	5
weighted avg	0.87	0.80	(7)	5

23. Fawcett，T. (2006)给出 AUC 面积的含义：The AUC value is equivalent to the probability that a randomly chosen positive example is ranked higher than a randomly chosen negative example. 请给出自己的理解。

24. 假如字符串"结婚的和尚未结婚的"的分词结果如表 9-8 所示，尝试计算精度和召回率的值。

表 9-8 分词结果

项 目	内 容	
标准答案	['结婚', '的', '和', '尚未', '结婚', '的']	A
分词结果	['结婚', '的', '和尚', '未结婚', '的']	B
重叠部分	['结婚', '的', '的']	A∩B

第 10 章 文 本 聚 类

根据数据点之间的相似性将数据集划分为若干子集(簇)的过程叫作聚类(Cluster)。聚类是一种无监督学习(Unsupervised Learning)。通过聚类得到的簇可能与潜在的概念或类别相对应。一个好的聚类算法必须保证：簇内点与点之间的距离要尽可能近(高内聚)；簇间点与点之间的距离要尽可能远(低耦合)。距离计算是聚类算法的核心要素之一，下面介绍 6 种常用的距离计算方法。

10.1 距离计算

欧几里得距离(Euclidean Distance)，也称为欧氏距离，是一种常用的距离度量方法，如图 10-1 所示。其计算公式如下。

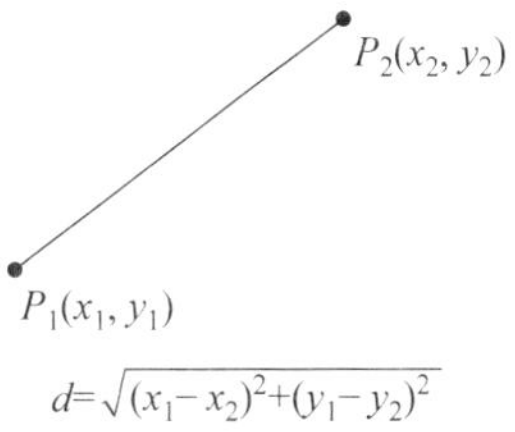

$$d = \sum_{j=1}^{n}(x_{1j} - x_{2j})^2$$

图 10-1 欧几里得距离
$d=\sqrt{(x_1-x_2)^2+(y_1-y_2)^2}$

```
>>> from sklearn.metrics.pairwise import euclidean_distances①
>>> X = [[0, 0], [1, 0]]
>>> Y = [[0, 1], [1, 1]]
>>> euclidean_distances(X, Y).round(2)        #得到一个距离矩阵,保留两位小数
array([[1.  , 1.41],
       [1.41, 1.  ]])
```

上述距离矩阵中 4 个元素的值(逐行读取)，分别是(0,0)与(0,1)、(0,0)与(1,1)、(1,0)与(0,1)、(1,0)与(1,1)之间的欧氏距离。

曼哈顿距离(Manhattan Distance)也称为城市街区距离。从一个十字路口开车到另外一个十字路口时，实际的行驶距离就是曼哈顿距离，如图 10-2 所示。其计算公式如下。

$$d = \sum_{j=1}^{n} |x_{1j} - x_{2j}|$$

```
>>> from sklearn.metrics.pairwise import manhattan_distances
>>> X = [[1, 2], [3, 4]]
```

---
① 数据中存在缺失值时使用 nan_euclidean_distances() 方法计算欧氏距离。

```
>>> Y = [[1, 2], [0, 3]]
>>> manhattan_distances(X, Y)
array([[0., 2.],
       [4., 4.]])
```

上述距离矩阵中 4 个元素的值（逐行读取），分别是(1,2)与(1,2)、(1,2)与(0,3)、(3,4)与(1,2)、(3,4)与(0,3)之间的曼哈顿距离。

闵可夫斯基距离（Minkowski Distance）也是一种常用的距离度量方法，其计算公式如下。

$$d(x_i, x_j) = \left(\sum_{k=1}^{n} |x_{ik} - x_{jk}|^p \right)^{\frac{1}{p}}$$

当 $p=2$ 时，闵可夫斯基距离就是欧氏距离；当 $p=1$ 时，闵可夫斯基距离就是曼哈顿距离。

```
>>> from sklearn.metrics.pairwise import pairwise_distances
>>> X = [[0, 0], [1, 0]]
>>> Y = [[0, 1], [1, 1]]
>>> pairwise_distances(X, Y, metric="minkowski", p=1)
array([[1., 2.],                    #曼哈顿距离
       [2., 1.]])
>>> pairwise_distances(X, Y, metric="minkowski", p=2).round(2)
array([[1.  , 1.41],                #欧氏距离
       [1.41, 1.  ]])
```

余弦相似度用向量夹角的余弦值作为衡量两个样本间的差异大小。余弦相似度值越接近 1，两个向量的夹角就越接近零度，表明这两个向量越相似，如图 10-3 所示。

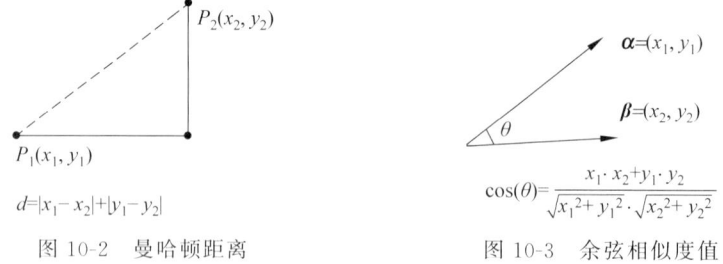

图 10-2　曼哈顿距离　　　　　　图 10-3　余弦相似度值

利用余弦相似度值很容易计算出两个向量的**余弦距离**（Cosine Distance）。

$$d(\boldsymbol{\alpha}, \boldsymbol{\beta}) = 1 - \cos(\theta)$$

```
>>> from sklearn.metrics.pairwise import cosine_distances
>>> x1 = [[1, 1]]
>>> x2 = [[1, 2]]
>>> cosine_distances(x1, x2).round(4)
array([[0.0513]])
```

汉明距离（Hamming Distance）计算两个向量之间取不同值的比率。
举例如下：

```
>>> from sklearn.metrics.pairwise import pairwise_distances
>>> x1 = [[1, 0, 1, 1]]              #长度 len(x1) = 4
>>> x2 = [[1, 0, 0, 1]]              #只有一对不同的取值
>>> pairwise_distances(x1, x2, metric="hamming")
array([[0.25]])                      #等于 1 / 4
```

给定两个集合 X 和 Y，**杰卡德系数**(Jaccard Coefficient)的计算公式如下。

$$\text{Jaccard}(X,Y) = \frac{|X \cap Y|}{|X \cup Y|}$$

利用杰卡德系数很容易计算出两个集合 X 和 Y 的**杰卡德距离**(Jaccard Distance)。

$$d(X,Y) = 1 - \text{Jaccard}(X,Y)$$

```
>>>from sklearn.metrics import jaccard_score
>>> y_true = np.array([0, 1, 1, 1])
>>> y_pred = np.array([1, 1, 1, 1])
>>> jaccard_score(y_true, y_pred, pos_label=1)    #指定正例标签 pos_label
0.75                                              #杰卡德距离为 0.25
```

计算上述各种距离的另外一种方式是使用 pairwise_distances() 函数。通过指定 pairwise_distances() 函数的 metric 参数值，如表 10-1 所示，可决定计算何种距离。前面计算闵可夫斯基距离和汉明距离时使用的就是 pairwise_distances() 函数。

表 10-1 metric 参数值与距离函数的对应关系

metric	函 数 名
"manhattan"、"cityblock"或"l1"	manhattan_distances()
"cosine"	cosine_distances()
"euclidean"或"l2"	euclidean_distances()
"nan_euclidean"	nan_euclidean_distances()

metric 其他参数值还包括 canberra、dice、hamming、haversine、jaccard、minkowski 等。

10.2 聚类算法

本节详细介绍 K-均值及其变体，对其他聚类算法只是简单地说明。这些算法包括近邻传播算法(AP)、均值漂移、谱聚类、层次聚类算法、基于密度的聚类算法、高斯混合模型和 EM 算法。层次聚类又分为合并聚类和拆分聚类，其中合并聚类算法包括 Agglomerative Clustering 和 Feature Agglomeration 等，拆分聚类算法包括二分 K-均值等。基于密度的聚类算法包括 DBSCAN 和 OPTICS 等。

10.2.1 K-均值及其变体

K-均值是一种迭代求解的聚类算法，其工作流程如下。
步骤 1：指定簇的个数 K；

步骤 2：选择数据集的 K 个样本作为质心（Centroid）[①]；

步骤 3：计算所有样本到这 K 个质心的距离，将它们划归到距离最近的簇，分别计算各个簇中所有样本的均值，依此值更新质心；

步骤 4：反复执行步骤 3，直到质心不再改变或者达到规定的迭代次数；

步骤 5：确定每个样本所属的类别以及每个类别的质心。

sklearn 库实现了 K-均值算法，其 KMeans() 函数的基本语法如下：

```
KMeans(n_clusters=8, init="k-means++", random_state=None)
```

- n_clusters：簇的个数，默认值为 8；
- init：初始的簇中心，默认值为 k-means++[②]；
- random_state：随机状态，默认值为 None，指定具体的整数可使实验结果重现。

KMeans() 函数的其他参数有 n_init=10，max_iter=300，tol=0.0001，verbose=0，copy_x=True，algorithm="auto"。

举例如下：

```
>>> from sklearn.datasets import load_iris
>>> X, y = load_iris(return_X_y=True)
>>> from sklearn.cluster import KMeans
>>> kmeans = KMeans(n_clusters=3, random_state=0)
>>> kmeans = kmeans.fit(X)
>>> labels = kmeans.labels_          #得到簇标签
>>> from sklearn.metrics import adjusted_rand_score
>>> score = adjusted_rand_score(y, labels)
>>> round(score, 3)                  #调整兰德指数 ARI [-1, 1]
0.730                                #聚类效果不错
```

批处理 K-均值（Mini Batch K-Means）是 K-均值的一个变体，其工作流程如下。

步骤 1：随机抽取数据集的 b 个样本，得到一个小批量，然后将它们依次分配给距离最近的质心；

步骤 2：对得到新样本的质心执行更新操作。

反复执行上述两个步骤，直到算法收敛或者达到规定的迭代次数。

MiniBatchKMeans() 函数的基本语法如下：

```
MiniBatchKMeans(n_clusters=8, init="k-means++", random_state=None, batch_size=1024)
```

举例如下：

```
>>> from sklearn.datasets import load_iris
>>> X, y = load_iris(return_X_y=True)
>>> kmeans = MiniBatchKMeans(n_clusters=3, batch_size=6, random_state=0)
>>> kmeans = kmeans.fit(X)
```

[①] 质心也可能不属于数据集本身。

[②] k-means++ 使初始簇中心尽可能彼此远离。

```
>>> labels = kmeans.labels_          #得到簇标签
>>> from sklearn.metrics import adjusted_rand_score
>>> score = adjusted_rand_score(y, labels)
>>> round(score, 3)                  #调整兰德指数 ARI[-1, 1]
0.786                                #聚类效果不错
```

与 K-均值相反,批处理 K-均值的质心更新以单个样本为基础。计算新样本与先前分配给质心的所有样本的平均值,然后用这个平均值更新质心。批处理 K-均值的特点是收敛速度快,得到的聚类效果通常比 K-均值稍差。

10.2.2 其他聚类算法

1. 近邻传播算法

近邻传播算法(Affinity Propagation,AP)是一种基于近邻信息传递的聚类算法。其基本思想是将所有的样本看作潜在的聚类中心(Exemplar),样本两两之间连线构成一个网络(相似度矩阵),通过网络中各条边的消息传递(Responsibility 与 Availability[①])最终计算出各个样本所属的聚类中心。近邻传播算法不需要事先指定簇的个数。另外,它非常适合解决中大规模的聚类问题。其不足之处包括不能直接用于解决带有约束条件的聚类问题;只适合处理紧致的超球形结构的聚类问题。

```
>>> from sklearn.cluster import AffinityPropagation
```

2. 均值漂移

均值漂移(Mean Shift)是一种基于质心的聚类算法。它将候选质心更新为给定区域(由 bandwidth 参数指定)内部点的平均值;后续处理阶段对这些候选质心进行过滤(消除近似重复),从而形成最终的质心集。均值漂移算法可以自动设置簇的个数。

```
>>> from sklearn.cluster import MeanShift, estimate_bandwidth
```

3. 谱聚类

谱聚类(Spectral Clustering)是一种基于图论的聚类方法。其基本思想是把聚类问题转化为图的切割问题。图的顶点是样本,图的边是顶点的连线,边的权重是顶点之间的相似度。给定簇数 K,谱聚类算法的目标是将一个图分割成 K 个互不相交的子图,同时保证被切割边的权重之和最小。

```
>>> from sklearn.cluster import SpectralClustering
```

4. 层次聚类

层次聚类是一个通用的聚类算法族。通过连续合并或拆分簇,进而构建嵌套簇,最终得到一棵树或树状图,如图 10-4 所示。图 10-4 中小括号里的整数是各个簇的样本数。层次聚类的工作方式有两种:一种是自底向上的合并聚类,如 Agglomerative Clustering 和 Feature Agglomeration;另一种是自顶向下的拆分聚类,如二分 K-均值(Bisecting K-Means)。

合并聚类算法在起始阶段把每个样本都看作一个簇,在随后的每一次迭代中将最相似

---

① 此处的 Responsibility 与 Availability 通常被翻译为吸引度和归属度。

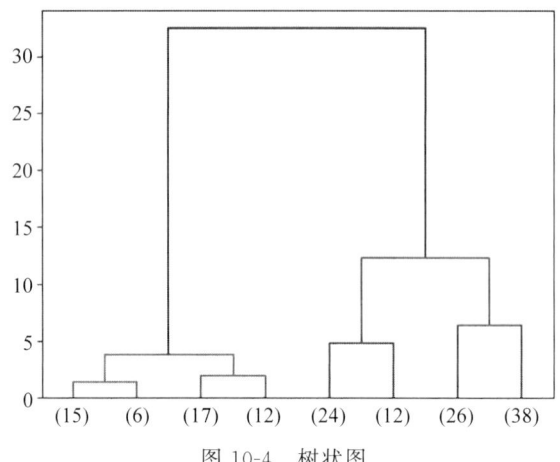

图 10-4 树状图

（距离最近）的两个簇合并在一起，直到所有的样本被合并为一个簇。合并聚类算法的链接类型决定了各个簇的合并顺序。链接通常分为如下 4 种类型。

- Ward 链接（Ward Linkage）：所有簇的平方差之和最小；
- 单链接（Single Linkage）：簇间距离由两个簇之间距离最近的样本决定；
- 全链接（Complete Linkage）或最大链接（Maximum Linkage）：簇间距离由两个簇之间距离最远的样本决定；
- 平均链接（Average Linkage）：簇间距离由两个簇包含的所有样本决定。

合并聚类算法 Agglomerative Clustering 和 Feature Agglomeration 支持上述 4 种类型的链接，这两者的链接类型参数 linkage 的默认值为 ward。

```
>>> from sklearn.cluster import AgglomerativeClustering
```

二分 K-均值是一种自顶向下的拆分聚类算法，它是 K-均值算法的一个变体。与 K-均值算法相比，二分 K-均值算法的运行效率更高，尤其在簇的个数很多时情况更是如此。另外，二分 K-均值算法不会产生空簇。选择待拆分的簇通常使用两种策略（即参数值 bisecting_strategy）：

- largest_cluster：包含样本最多的簇；
- biggest_inertia：惯性（Inertia）最大的簇，如平方误差和最大。

其中，largest_cluster 策略的聚类效果更好，而且速度快。

```
>>> from sklearn.cluster import BisectingKMeans
```

平衡迭代归约与聚类（Balanced Iterative Reducing and Clustering Using Hierarchies，BIRCH）也是一种层次聚类算法。

```
>>> from sklearn.cluster import Birch
```

5. 基于密度的聚类算法

基于密度的聚类算法以数据集在空间分布的稠密程度为依据进行聚类。该算法不需要预先设定簇的个数。基于密度的聚类算法包括 DBSCAN 和 OPTICS 等。

```
>>> from sklearn.cluster import DBSCAN
```

```
>>> from sklearn.cluster import OPTICS
```

6. 高斯混合模型

高斯混合模型(Gaussian Mixture Model)的核心思想是先将几种高斯分布混合在一起,然后再对样本进行建模。sklearn 平台将高斯混合模型与下述的 EM 算法结合起来使用。

```
>>> from sklearn.mixture import GaussianMixture
```

7. EM 算法

EM(Expectation Maximization)算法是一种基于迭代优化的聚类算法。EM 算法的工作流程如下。

(1)初始化:随机选择 K 个中心点作为初始的簇中心,并计算它们的均值和协方差矩阵;

(2)E-step:对于每个数据点,计算其属于各个簇的概率,根据这些概率值对每个数据点进行分组;

(3)M-step:对于每个簇,使用加权最小二乘法计算其新的均值和协方差矩阵;

(4)重复 E-step 和 M-step,直到收敛为止;

(5)输出最终的簇中心和它们对应的均值和协方差矩阵,以及每个数据点所属的簇。

10.3 应用举例

与文本分类过程类似,在执行文本聚类前需要对文本数据进行预处理。文本预处理流程通常包括切分文本、清理文本、删除停用词、词干提取和词形还原等任务。

```
import numpy as np
import jieba
from sklearn.cluster import KMeans
from sklearn.feature_extraction.text import TfidfVectorizer
texts = ["我喜欢钓鱼等户外运动", \                #簇1,关于户外运动
        "我喜欢在周末打篮球等户外运动", \           #簇1,关于户外运动
        "我喜欢看书和看电影", \                  #簇0,关于室内活动
        "比起运动,我更喜欢玩电子游戏等室内活动", \    #簇0,关于室内活动
        "我喜欢听音乐和听音乐会"]                 #簇0,关于室内活动
dataset = []
for text in texts:
    string = " ".join(jieba.cut(text))
    dataset.append(string)
vectorizer = TfidfVectorizer()                  #向量化数据集
X = vectorizer.fit_transform(dataset)
k = 2                                           #指定簇的数量
km = KMeans(n_clusters=k)                       #实例化
km.fit(X)                                       #训练
y_pred = km.predict(X)                          #预测
print(y_pred)
```

上述代码的输出结果：

```
[1 1 0 0 0]                                    #聚类结果与预期的结果相吻合
```

10.4　性能评价指标

聚类算法的两个重要评价指标是**轮廓系数**(Silhouette Coefficient)和**调整兰德指数**(Adjusted Rand Index，ARI)。计算聚类的轮廓系数时不需要样本的类别标签，而计算调整兰德指数则需要样本的类别标签。

轮廓系数结合了簇的内聚度(Cohesion)与分离度(Separation)，以便能更好地评估聚类的实际效果。对于任意一个样本点 i，其轮廓系数的计算公式如下。

$$S(i) = \frac{b(i) - a(i)}{\max\{a(i), b(i)\}}$$

其中，$a(i)$ 是样本点 i 到其所在簇中其他所有点的距离的平均值，它用于衡量簇的内聚度；$b(i)$ 是样本点 i 到其他所有簇平均距离的最小值，它用于衡量簇的分离度。轮廓系数的取值范围为 $[-1, 1]$，显然该值越大，聚类的效果越好。一个数据集的轮廓系数是其所有样本轮廓系数的平均值。sklearn 平台在其 metrics 模块中提供了计算轮廓系数的 silhouette_score() 函数。

```
silhouette_score (X, labels, metric='euclidean')
```

- X：训练样本；
- labels：每个样本的预测标签；
- metric：计算点与点之间距离的公式，默认值为 euclidean(欧氏距离)。

举例如下：

```
>>> from sklearn.datasets import load_iris
>>> X, y = load_iris(return_X_y=True)        #鸢尾花数据
>>> from sklearn.cluster import KMeans
#将 random_state 设置为一个具体的值，可再现实验结果
>>> kmeans_model = KMeans(n_clusters=3, random_state=1)
>>> kmeans_model = kmeans_model.fit(X)
>>> labels = kmeans_model.labels_            #得到簇标签
>>> from sklearn.metrics import silhouette_score
>>> silhouette_score(X, labels, metric="euclidean").round(2)
0.55                                         #得到轮廓系数的值
```

当样本带有类别标签时，可使用调整兰德指数(ARI)来评估聚类算法的性能，ARI 的计算公式如下。

$$\text{ARI} = \frac{\text{RI} - E[\text{RI}]}{\max(\text{RI}) - E[\text{RI}]}$$

其中，RI 是兰德指数，$E[\text{RI}]$ 是 RI 的数学期望，$\max(\text{RI})$ 是 RI 的最大值。ARI 的取值范围为 $[-1, 1]$，其值越大意味着聚类结果与真实情况越吻合。sklearn 平台在其 metrics 模块中提供了计算 ARI 的 adjusted_rand_score() 函数。

adjusted_rand_score(y_true, y_pred)

- y_true：样本的类别标签；
- y_pred：样本的预测值。

举例如下：

```
>>> from sklearn.metrics import adjusted_rand_score
>>> y_true = [0, 0, 0, 1, 1, 1]
>>> y_pred = [0, 0, 1, 1, 2, 2]
>>> score = adjusted_rand_score(y_true, y_pred)
>>> round(score, 3)
0.242
#互换两个参数的位置,值不变,即ARI具有对称性
>>> score = adjusted_rand_score(y_pred, y_true)
>>> round(score, 3)
0.242
#ARI值越接近1,聚类结果与真实情况越吻合
>>> y_pred = y_true[:]            #复制y_true
>>> score = adjusted_rand_score(y_true, y_pred)
>>> score
1.0
```

下面对sklearn平台提供的、其余聚类评价指标进行简要概括。

(1) 兰德指数。计算函数rand_score()，取值范围为[0,1]。优势：具有对称性,可用作一致性测度[①]；不足之处：需要样本的类别标签；RI值通常接近于1.0。

(2) 可能性矩阵(Contingency Matrix)。计算函数contingency_matrix()。不足之处：需要样本的类别标签。注意,该方法的导入方式为from sklearn.metrics.cluster import contingency_matrix。

(3) 配对混淆矩阵(Pair Confusion Matrix)。它是一个2行2列的相似矩阵,计算函数pair_confusion_matrix()。不足之处：非对称性,需要样本的类别标签。注意,该函数的导入方式为from sklearn.metrics.cluster import pair_confusion_matrix。

(4) 互信息(Mutual Information, MI)。计算函数mutual_info_score()，取值范围为[0,1]。优势：具有对称性,可用作一致性测度；不足之处：需要样本的类别标签。

(5) 规范互信息(Normalized Mutual Information, NMI)。计算函数normalized_mutual_info_score()，取值范围为[0,1]。优势：具有对称性,可用作一致性测度；不足之处：需要样本的类别标签。

(6) 调整互信息(Adjusted Mutual Information, AMI)。计算函数adjusted_mutual_info_score()，取值范围为[0,1]。优势：具有对称性,可用作一致性测度；不足之处：需要样本的类别标签。

(7) 同质性、完整性和V-测量(Homogeneity, Completeness and V-measure)。分别调用函数homogeneity_score()、completeness_score()和v_measure_score()进行计算,取值

---

① 如果交换两个参数的前后顺序计算结果就会改变,那么就无法据此确定这两个参数之间的相似度到底如何。

范围均为[0,1]。优势：具有对称性，可用作一致性测度；不足之处：需要样本的类别标签。V-测量是同质性和完整性的调和平均值。

(8) FM 值(Fowlkes-Mallows Scores)。计算函数 fowlkes_mallows_score()，取值范围为[0,1]，完美聚类的 FM 值等于 1。不足之处：需要样本的类别标签。

(9) CH 指数(Calinski-Harabasz Index)。计算函数 calinski_harabasz_score()。优势：计算速度快，不需要样本的类别标签。当簇的内聚度高，簇与簇之间的分离度好时，CH 指数的得分高。

(10) DB 指数(Davies-Bouldin Index)。计算函数 davies_bouldin_score()。优势：不需要样本的类别标签，与轮廓系数相比计算更简单。DB 指数越小越好，最小值为 0。

10.5 小结

根据数据点之间的相似性将数据集划分为若干子集(簇)的过程叫作聚类。一个好的聚类算法必须保证簇内高内聚、簇间低耦合。距离计算是聚类算法的核心要素之一。本章介绍了 6 种距离计算公式，分别是欧几里得距离、曼哈顿距离、闵可夫斯基距离、余弦距离、汉明距离和杰卡德距离。聚类算法的历史与有监督学习一样悠久，这期间产生了大量的算法。这些算法包括 K-均值及其变体、近邻传播算法、均值漂移、谱聚类、层次聚类算法、基于密度的聚类算法、高斯混合模型和 EM 算法。

聚类算法有两个重要的评价指标，分别是轮廓系数和调整兰德指数。计算前者不需要样本的类别标签；而后者则需要。轮廓系数将簇的内聚度与分离度相结合，以便能更好地评估聚类的实际效果。调整兰德指数具有对称性，因此可用作一致性测度。其他评价指标还包括兰德指数、可能性矩阵、配对混淆矩阵、互信息、规范互信息等。

练 习 题

1. 简述聚类的定义。
2. 一个好的聚类算法的衡量标准是什么？
3. 至少说出 3 种计算数据点之间距离的公式。
4. 编程计算两个点(0,0)与(1,1)之间的欧几里得距离和曼哈顿距离(在小数点后保留 3 位小数)。
5. 已知 y_true=[0,1,1,0]，y_pred=[1,0,1,0]，计算这两者之间的汉明距离和杰卡德距离。
6. 计算两个向量[1,0]与[0,1]之间的余弦距离。
7. 给出 K-均值聚类算法的工作流程。
8. 使用鸢尾花数据集训练一个 K-均值聚类模型 km，并预测样本[7.，3.2，4.7，1.4]与[6.3，3.3，6.，2.5]是否属于同一个簇。
9. 说出批处理 K-均值与 K-均值的一个主要区别。
10. 批处理 K-均值的特点是什么？它与 K-均值相比哪个性能更好？
11. 层次聚类的两种工作方式分别是什么？

12. 说出链接的 4 种类型。
13. 至少说出两种聚类算法的评价指标。
14. 轮廓系数结合了簇的哪两种指标,以便能更好地评估聚类的实际效果?
15. 使用鸢尾花数据集训练一个 K-均值聚类模型 km,输出该模型的轮廓系数和调整兰德指数。

第 11 章　机 器 翻 译

机器翻译(Machine Translation)能够自动地将文本或谈话内容从一种语言翻译为另外一种语言。机器翻译的终极目标是消除来自不同地域、不同文化背景的人们的交流障碍。然而令人遗憾的是,机器翻译是一个很难解决的问题。

11.1　机器翻译难在哪儿

机器翻译的一种最简单的实现方式是直接翻译。直接翻译法从源语言的语句出发,将词或固定词组直接置换成目标语言的对应成分。该方法的缺点在于不同语言之间可能不存在一对一的映射关系,如白菜与 white cabbage[1]。另外,还有语言的词序问题(Word Order)。歧义词也是一个问题,如中文的"下课"[2]。句法转换(Syntactic Transfer)可以解决词序问题。首先对原文进行句法分析[3],然后用人工定义的规则将其转换为目标语言的句法树,以句法树为基础再生成目标语言的翻译。

```
import nltk
from nltk import word_tokenize
from nltk import pos_tag
from nltk import RegexpParser
sentence = "The dog chased the rabbit."
words = word_tokenize(sentence)              #分词
tagged_words = pos_tag(words)                #词性标注
grammer = "NP: {<DT>?<JJ>*<NN>}"             #定义语法规则[4]
parser = RegexpParser(grammer)               #创建语法分析器
tree = parser.parse(tagged_words)            #进行句法分析
print(tree)
tree.draw()                                  #将句法分析树可视化,如图 11-1 所示
```

---

[1] 白菜的正确翻译为 Chinese cabbage。
[2] 表示某人被解除职务,也可能表示课程结束。
[3] 句法分析就是明确句子的组成成分及其相互之间的搭配关系,进而确定句子的结构类型。
[4] NP 即 Noun Phrases,名词短语;DT 即 Determiner,限定词;JJ 即 Adjective,形容词或序数词;NN 即 Noun,常用名词单数形式;VBD 即 Verb,动词过去式。

上述代码的执行结果：

```
(S (NP The/DT dog/NN) chased/VBD (NP the/DT rabbit/NN) ./.)
```

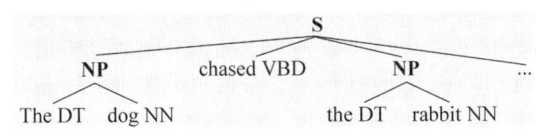

图 11-1　句法分析树

句法转换可以解决词序问题，这在一定程度上保证了翻译结果的句法准确性，但是句法正确并不代表语义（Semantic）正确。对词语的含义理解不清造成的语言错误叫作语义错误。例如，"纪念鲁迅先生**诞生**一百周年"，虽然这个语句的句法正确，但是其语义是错误的。正确答案应该是"纪念鲁迅先生**诞辰**一百周年"。显然，句法转换并不能解决翻译中遇到的所有问题。

语义转换法是指在保持句子原意不变的情况下，使用不同的表达方式来阐述同一内容。可通过改变句子的语态、时态或使用不同的词组来实现语言的转换，使句子表达更加灵活多样。原文经过句法分析之后，语义转换法将原文转换为语义表示形式，然后在此基础上生成译文。基于语义转换的方法同样不是翻译的完美解决方案。很多时候字面意思翻译完全准确，可是得到的译文对用户来说却很难理解。例如，语句 The end justifies the means 逐字翻译就是"目的使方法合理正当了"，而意译则为"只要目的正当，采用什么手段都可以"。

一种非直译的机器翻译方法是借助于中间语言（Interlingual）进行的。中间语言是独立于任何一种语言的知识表示形式。尽管这种想法是美好的，但是实现起来难度更大。因为首先要解决从一种语言转换为中间语言时所遇到的歧义问题。另外，无法保证中间语言的完备性（Completeness）。

11.2　文本对齐

在给定双语文本的情况下，一个首要的任务是对齐（Alignment）文本，即确定原文与译文的词、句子以及段落之间的对应关系。一旦找到词之间的对应关系，就可以建立双语词典。除了建立双语词典和进行机器翻译以外，文本对齐也是使用多语言语料库的首要步骤。多语言语料库的应用，如语义消歧和多语言信息检索，都是建立在文本对齐基础之上的。

句子对齐问题是从句子内容出发，将源语言中的一组句子与目标语言中的一组句子进行对应的过程。通常称两组对应的句子为一个句珠（Bead）。一般来说，如果两个句子之间只有个别词语对齐，不能说它们是对齐的，但是只要有子句（Clause）对应出现，就可以判定这两个句子之间的对齐关系。最常见的情况是源语言与目标语言中的单个句子之间的对应，这称为 1∶1 句珠或者句子对齐。有研究表明，90% 的句子对齐都属于这种情况。有时候译者打乱了句子的次序，导致出现 1∶2 或者 2∶1，甚至是 1∶3 或者 3∶1 的句子对齐情况。按照上面给出的句子对齐框架，每个句子能且仅能出现在一个句珠中。

常用的基于统计模型的对齐算法有 3 种，分别是基于长度的对齐算法、基于信号处理技术的位置偏移对齐算法和基于词汇信息的句珠对齐算法。早期出现的句子对齐的研究大都采用了比较平行语料中句子长度的方法，其基本原理是假设源语言与目标语言的句子长度存在比例关系,即源语言中的短句与目标语言中的短句对应,长句与长句对应。虽然这种算法非常简单,而且忽略了文本中很多其他可利用的信息,但算法的效果相当好,而且效率很高。

在早期的对齐方法中很少或者根本没有利用语句中的词汇信息。很显然,语句中的词汇信息能给句子对齐提供很多有价值的信息。Kay 等利用部分词语对齐来得到句子对齐。词语对齐所基于的假设是,如果两个词语的分布相同,那么它们是对应的。限于篇幅,此处不再讨论基于信号处理技术的位置偏移对齐算法。另外,本章也不探讨词语的对齐问题。

11.3 动态规划

很多句子和段落对齐算法都使用了动态规划技术。动态规划(Dynamic Programming,DP)是理查德·贝尔曼(Richard Bellman)在研究多阶段决策过程优化问题时提出的最优化原理。动态规划把原问题分解为若干子问题,自底向上先求解最小的子问题,把结果存储在表格中,在求解较大的子问题时直接从表格中查询较小子问题的解,避免了重复计算,从而提高了效率。事实上,动态规划是一种以空间换取时间的算法。

编写代码求出一个最长升序子序列的长度。例如,列表 lt=[1,5,2,4,3],其最长升序子序列为[1,2,3],因此列表 lt 最长升序子序列的长度为 3。一个函数在其函数体内调用它自身,这种函数叫作递归(Recursion)函数。递归函数由终止条件和递归条件两部分构成。下面定义计算斐波那契(Fibonacci)数列的递归函数 fib(n)。

$$F(0) = 1$$
$$F(1) = 1$$
$$F(n) = F(n-1) + F(n-2) \quad (n \geqslant 2, n \in \mathbf{N}^*)$$

```
def fib(n):
    """ 计算斐波那契数列,参数 n 为数列的第 n 项 """
    if n in [0, 1]:                  #终止条件
        return n
    else:
        return fib(n-1) + fib(n-2)   #递归条件,这里存在大量的重复计算
for i in range(10):
    print(fib(i), end=" ")           #参数 end 的默认值为换行符\n
```

上述代码的执行结果:

0 1 1 2 3 5 8 13 21 34

为了与动态规划算法进行比较,此处首先使用递归算法计算最长升序子序列的长度,为此定义递归函数 longest_re(nums,i)。

```
def longest_re(nums, i):             #re 即 Recursion,递归
    if i == len(nums) - 1:           #终止条件
        return 1
    max_len = 1
    for j in range(i+1, len(nums)):
```

```
        if nums[j] > nums[i]:
            max_len = max(max_len, longest_re(nums, j) + 1)      #存在大量的重复计算
    return max_len
```

下面调用上述定义的递归函数 longest_re(nums，i)，计算最长升序子序列的长度。

```
nums = [1, 5, 2, 4, 3]
result = [0] * len(nums)
for i in range(len(nums)):
    result[i] = longest_re(nums, i)
print(result)                          #特意增加的代码行
print(max(result))
```

上述代码的输出结果：

[3, 1, 2, 1, 1]
3

那么又怎样使用动态规划算法计算最长升序子序列的长度呢？

```
memo = {}                         #memo 即 memory,记忆
def longest_dp(nums, i):          #dp 即 Dynamic Programming,动态规划
    if i == len(nums) - 1:
        return 1
    if i in memo:                 #查找字典,避免重复计算
        return memo[i]
    max_len = 1
    for j in range(i+1, len(nums)):
        if nums[j] > nums[i]:
            max_len = max(max_len, longest_dp(nums, j) + 1)
    memo[i] = max_len
    return max_len
```

下面调用上述定义的函数 longest_dp(nums，i)，计算最长升序子序列的长度。

```
nums = [1, 5, 2, 4, 3]
result = [0] * len(nums)
for i in range(len(nums)):
    result[i] = longest_dp(nums, i)
print(max(result))
```

上述代码的输出结果：

3

11.4 最小编辑距离

编辑距离（Edit Distance）提供了一种量化字符串相似性的方法。最小编辑距离（Minimum Edit Distance）是指一个字符串至少需要经过多少次基本编辑操作才能变成另

一个字符串。此处的基本编辑操作包括插入（Insert）、删除（Delete）和替换（Substitute）。通常将插入和删除的代价设置为1，而将替换的代价设置为2，这是因为替换可以用先删除、后插入来代替。最小编辑距离在拼写检查、机器翻译、相似度计算、抄袭检测等领域有着十分广泛的应用。图11-2给出了对单词intention执行3种基本编辑操作的结果。

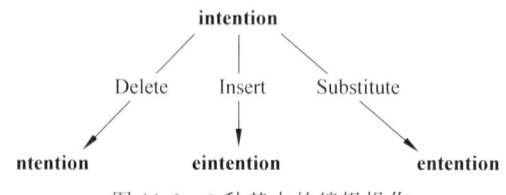

图11-2　3种基本的编辑操作

那么怎样编程计算两个字符串之间的最小编辑距离呢？可以将其看作一个搜索任务。在这个任务中，要寻找从一个字符串到另一个字符串的最短路径，即编辑序列。给定字符串 X 和 Y，X 是长度为 n 的源字符串，Y 是长度为 m 的目标字符串，定义 $D[i,j]$ 为 $X[1\cdots i]$ 与 $Y[1\cdots j]$ 之间的编辑距离，即 $D[i,j]$ 是 X 的前 i 个字符和 Y 的前 j 个字符之间的编辑距离。显然，字符串 X 与 Y 之间的编辑距离就等于 $D[n,m]$。

首先看两种特殊情况。如果源字符串 X 的长度为 i，而目标字符串 Y 为空，那么从 i 个字符到 0 个字符，需要执行 i 次删除操作；如果源字符串 X 为空，而目标字符串 Y 是长度为 j 的子串，那么从 0 个字符到 j 个字符，需要执行 j 次插入操作。计算最小编辑距离的总体思路是利用动态规划算法，自下而上地计算，同时结合子问题的解。也就是说，首先计算出数值较小的 i,j 对应的 $D[i,j]$，然后再计算数值较大的 $D[i,j]$。具体地说，$D[i,j]$ 可以取 3 条可能路径中距离最短的路径。

$$D[i,j] = \min \begin{cases} D[i-1,j] + \mathrm{del}(source[i]) \\ D[i,j-1] + \mathrm{ins}(target[j]) \\ D[i-1,j-1] + \mathrm{sub}(source[i],target[j]) \end{cases}$$

如果将插入和删除操作的代价都设置为1，而将替换操作的代价设置为2，那么 $D[i,j]$ 的计算公式如下。

$$D[i,j] = \min \begin{cases} D[i-1,j] + 1 \\ D[i,j-1] + 1 \\ D[i-1,j-1] + \begin{cases} 2, & source[i] \neq target[j] \\ 0, & source[i] = target[j] \end{cases} \end{cases} \tag{11-1}$$

给定源字符串accept与目标字符串except，表11-1给出了计算它们之间最小编辑距离的过程。为了方便计算，在源字符串与目标字符串的前面都添加了一个♯字符。表11-1中的第一行数据表示当源字符串为♯，而目标字符串依次为♯、♯e、♯ex、♯exc、♯exce、♯excep、♯except时，对应的最小编辑距离。同理可以得到表11-1中的第一列数据。以第一行和第一列数据为基础，就可以利用式（11-1）推导出表11-1中的其他所有数据。表11-1中最右下角的整数4就是这两个字符串之间的最小编辑距离。

第11章 机器翻译

表 11-1　源字符串 accept 与目标字符串 except 之间的编辑距离

Src	Tar						
	#	e	x	c	e	p	t
#	0	1	2	3	4	5	6
a	1	2	3	4	5	6	7
c	2	3	4	3	4	5	6
c	3	4	5	4	5	6	7
e	4	3	4	5	4	5	6
p	5	4	5	6	5	4	5
t	6	5	6	7	6	5	4

下面给出计算两个字符串之间最小编辑距离的实现代码。

```
import pandas as pd

source = input("source = ")
target = input("target = ")
source = "#" + source
target = "#" + target
#构建矩阵 matrix,其行数为 len(source),列数为 len(target)
matrix = []
for row in range(len(source)):
    if row == 0:                              #第 1 行数据
        matrix.append(list(range(len(target))))
    else:                                     #其他行数据
        matrix.append([row] + [0] * (len(target)-1))
for row in range(1, len(source)):
    for col in range(1, len(target)):
        max_val = matrix[row-1][col-1]
        if source[row] != target[col]:
            max_val += 2                      #左上角的对角线元素
        if max_val > matrix[row-1][col] + 1:
            max_val = matrix[row-1][col] + 1 #上方元素
        if max_val > matrix[row][col-1] + 1:
            max_val = matrix[row][col-1] + 1 #左侧元素
        matrix[row][col] = max_val
print(matrix[len(source)-1][len(target)-1])
#df = pd.DataFrame(matrix)                    #读者可以运行这两行代码
#print(df)                                    #将矩阵以数据框架 DataFrame 的形式输出
```

上述代码的一次执行过程：

source = accept
target = except
4

11.5 应用场景与翻译工具

机器翻译的应用场景非常广泛,实际应用场景包括但不限于下列内容。
- 跨语言搜索引擎:实现不同语言之间的搜索结果翻译;
- 社交媒体:实现用户之间的跨语言沟通;
- 新闻报道:实现新闻文章的自动翻译;
- 电子商务:实现产品描述和用户评论的翻译;
- 教育:实现教材和学习资源的翻译。

当前市面上的机器翻译工具与资源有很多,下面仅罗列其中的一部分。
- 百度翻译:依托互联网数据资源和自然语言处理技术优势,支持全球200多种语言互译,是国内市场份额第一的翻译类产品;
- Google Translate API:Google 提供的机器翻译应用程序接口(Application Programming Interface,API)支持多种语言;
- DeepL:是一款基于人工智能技术的高质量翻译平台,支持多种语言;
- Moses:开源的统计机器翻译工具,支持多种语言。

下面使用百度提供的机器翻译接口,实现从英文到中文的自动翻译。

```python
import urllib.request
import urllib.parse
import json
import requests                          #在命令提示符下使用命令 pip install requests
import execjs                            #同上,安装命令 pip install PyExecJS
import random
import hashlib
import re


def translate(query):
    print(query)
    if len(query) > 4891:
        return "请不要超过 4891 个字符!"
    #生成[0, 50]范围内的随机整数,用于防止签名攻击
    salt = str(random.randint(0, 50))
    appid = ""                           #自己申请的 APP ID,即应用标识
    secretKey = ""                       #自己申请的密钥,验证请求的合法性
    sign = appid + query + salt + secretKey    #数字签名
    sign = hashlib.md5(sign.encode(encoding='UTF-8')).hexdigest()   #生成签名摘要
    head = {
        'q': f'{query}',                 #待翻译的文本内容
        'from': 'en',                    #源语言
        'to': 'zh',                      #目标语言
        'appid': f'{appid}',
        'salt': f'{salt}',               #可选参数
```

```
            'sign': f'{sign}'
    }
    url = 'http://api.fanyi.baidu.com/api/trans/vip/translate'
    request = requests.get(url, head)
    res = request.json()['trans_result'][0]['dst']
    pattern = re.compile(r'[\x00-\x08\x0b\x0c\x0e-\x1f]') # r = raw
    #将上述方括号字符集[]中指定的ASCII字符用单个空格代替
    res = pattern.sub(' ', res)
    return res

if __name__ == '__main__':
    while True:
        #删除字符串首尾两端的空白字符
        input_string = input("Input string = ").strip()
        if input_string in ['n', 'N']:
            break
        if re.match("^\s*$", input_string):    #输入为空行时结束当前循环
            continue
        ret = translate(input_string)
        print(ret)
```

上述代码的一次执行结果：

```
Input string = Amazing China
Amazing China
神奇的中国
Input string = Smooth Talker
Smooth Talker
以和為貴                    #以和为贵
Input string = White Elephant Instant Noodles
White Elephant Instant Noodles
白象方便面
Input string = n            #结束程序运行
```

ASCII 是美国信息交换标准代码（American Standard Code for Information Interchange）。

11.6　小结

　　机器翻译能够自动地将文本或谈话内容从一种语言翻译为另外一种语言。机器翻译的终极目标是消除来自不同地域、不同文化背景的人们的交流障碍。可将机器翻译技术简单地分为直译法和非直译法。直译法的思路简单明了，其缺点在于不同语言之间可能不存在一对一的映射关系。非直译法使用中间语言为源语言与目标语言牵线搭桥。尽管这种解决思路十分美好，但是实现起来却困难重重。

　　文本对齐是使用多语言语料库的首要步骤。除了建立双语词典和进行机器翻译以外，多语言语料库的应用，如语义消歧和多语言信息检索，都是建立在文本对齐基础之上的。最

小编辑距离是指一个字符串至少需要经过多少次基本编辑操作才能变成另一个字符串。编辑距离提供了一种量化字符串相似性的方法。最小编辑距离在拼写检查、机器翻译、相似度计算、抄袭检测等领域有着十分广泛的应用。尽管当前深度学习技术在机器翻译领域占据主导地位，但其不在本书讨论范围之内。

练 习 题

1. 什么叫作机器翻译？
2. 机器翻译的终极目标是什么？
3. 简单地说，可以将机器翻译分为两种类型，分别是什么？
4. 什么叫作语义错误？
5. 句法分析的作用是什么？
6. 语句"纪念鲁迅先生诞生一百周年"的句法和语义都正确吗？
7. 简单说出语义转换法的功能。
8. 文本对齐可以分为3个级别，分别是什么？
9. 文本对齐的重要意义是什么？
10. 在何种情况下能够判定，源语言的语句 A 与目标语言语句 B 之间具有对应关系？
11. 常用的基于统计模型的对齐算法有3种，分别是什么？
12. 基于长度的对齐算法的基本原理是什么？
13. 简单叙述动态规划算法解决问题的思路。
14. 定义一个递归函数 factorial(n) 计算 n 的阶乘 $n!$。
15. 使用动态规划算法计算下列式子的值。

$1! + 2! + ... + 10!$

16. 查阅资料简单叙述诞生与诞辰的区别。
17. 什么叫作最小编辑距离？
18. 最小编辑距离在哪些领域有着广泛的应用？
19. 如果将插入和删除操作的代价都设置为1，而将替换操作的代价设置为2，则源字符串 accept 与目标字符串 except 的最小编辑距离是多少？
20. 自定义函数 min_edit_distance(source，target)，用于计算源字符串 source 与目标字符串 target 之间的最小编辑距离。
21. 使用百度提供的机器翻译接口，实现英文与中文之间的互译。

第 12 章 文本信息提取

在自然语言处理领域,文本信息提取(Text Information Extraction)是指从非结构化或半结构化的文本中自动提取出结构化信息的过程。这项技术旨在识别并提取文本中的关键实体、关系等有意义的信息片段,并将这些信息转化为计算机可以理解和操作的形式,如数据库记录、知识图谱(Knowledge Graph)的节点和边等。文本信息提取通常涉及以下几个核心子任务。

关键词提取:提取能够代表文本主题和内容的关键词或短语;
命名实体识别:识别文本中的专有名词,如人名、地点、组织机构等,并将其分类;
关系提取:发现并提取实体之间的关系,如人与组织的关系、事件的因果关系等;
事件提取:识别文本中的事件及其参与者,如出生、死亡、收购等;
指代消解(Coreference Resolution):解决文本中代词和其他指示词所指代的实体。
本章主要讲述命名实体的识别以及命名实体间关系的提取。

12.1 概述

文本信息提取技术广泛应用于多个领域,包括新闻摘要生成、知识图谱构建、社交媒体监控等。随着深度学习技术的发展,现代信息提取系统越来越多地利用神经网络模型,如循环神经网络、长短期记忆网络等,以提高提取的准确性和鲁棒性。

给定一个机构名称,用户想要获知该机构的总部所在地;或者在一个给定的区域范围内,了解有哪些机构设立了总部并开展经营活动。如果数据已存储在表格中,如表 12-1 所示,那么这类查询就很容易实现。查询那些总部在"北京"的机构,实现代码如下。

表 12-1 知名公司及其总部所在地

机构名称	地理位置	机构名称	地理位置
华为	深圳	海尔	青岛
福耀	福州	京东	北京
比亚迪	深圳	小米科技	北京

```
locs = [                        #loc = location
    ("华为", "位于", "深圳"), ("海尔", "位于", "青岛"), ("福耀", "位于", "福州"), \
```

```
    ("京东","位于","北京"),("比亚迪","位于","深圳"),("小米科技","位于","北京")
    ]
#e = Entity实体,rel = Relation关系
query = [e1 for (e1, rel, e2) in locs if e2 == '北京']
#(e1, rel, e2)可以直接写为 e1, rel, e2
print(query)
```

上述代码的输出结果:

['京东', '小米科技']   #总部在"北京"的公司有京东和小米科技

如果试图从下列文本中获取类似的信息,情况就会变得复杂起来。文本信息提取旨在将文本中包含的有价值信息进行结构化处理,并转换为类似于表格的数据格式。

小米科技是一家全球知名的移动互联网公司,总部位于北京大兴区的互联网产业园。京东,中国知名的电商企业,总部位于北京。

12.2 命名实体识别及关系提取

图 12-1 给出了命名实体识别及关系提取的基本架构。词性标注过程为句子中的每一个词赋予合适的语法范畴标签,这一步骤对于后续的命名实体识别任务至关重要。下面将语句分割、文本切分和词性标注这 3 个预处理步骤整合到 preprocess()函数中实现。

图 12-1 命名实体识别及关系提取的基本架构

```
>>> import nltk
>>> def preprocess(text):
    sents = nltk.sent_tokenize(text)
    words = [nltk.word_tokenize(sent) for sent in sents]
    tags = [nltk.pos_tag(word) for word in words]
    return tags
>>> text = "love me, love my dog"      #爱屋及乌
>>> preprocess(text)
[[('love', 'VB'), ('me', 'PRP'), (',', ','), ('love', 'VB'), ('my', 'PRP$'), ('dog', 'NN')]]
```

VB 为动词,基本形式(Verb, base form);PRP 为人称代词(Personal pronoun);PRP$ 为所有格代词(Possessive pronoun);NN 为名词,单数或不可数(Noun, singular or mass)。

12.2.1 名词短语块

在命名实体检测中,对那些彼此之间可能存在关系的实体进行分块和标记。通常,英文

实体是定名词短语[1]，如 the knights(骑士)，或是专有名词，如 William Shakespeare(威廉·莎士比亚)。中文实体包括地名，如"北京市"，以及事件名称，如"人工智能研讨会"，等等。

实体识别的基本技术是分块(Chunking)，该技术将词语序列进行切分并标注，如图 12-2 所示。较小的方框代表了词语级的切分及词性标注，而较大的方框则是更高层次的分块结构。这些较大的方框被称为"块"。注意，分块器生成的各部分在原始文本中是互不重叠的。

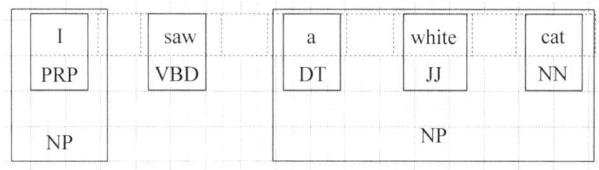

图 12-2　词级与块级的切分与标注

NP-Chunking 搜索与单个名词短语(Noun Phrase)相对应的块。NP-Chunking 不允许包含其他 NP 块，它通常比完整的名词短语规模更小。任何修饰名词的介词短语或从句都不会被包含在相应的 NP 块中[2]。搜寻 NP 块需要使用块语法[3]来描述句子的块结构。下面定义了一个简单的 NP 块。

NP: {<DT>?<JJ> * <NN>}

这条规则规定，每当分块器找到一个可选的限定词 DT(Determiner)，接着是任意数量的形容词 JJ(Adjective)，最后是一个名词 NN(Noun)时，就应该形成一个 NP 块。

```
#A cute little boy is shouting at the cat.一个可爱的小男孩在对猫大喊大叫。
>>> tagged_words = [('A', 'DT'), ('cute', 'JJ'), ('little', 'JJ'), ('boy', 'NN'),
('is', 'VBZ'), ('shouting', 'VBG'), ('at', 'IN'), ('the', 'DT'), ('cat', 'NN'),
('.', '.')]
>>> grammar = "NP: {<DT>?<JJ> * <NN>}"      #使用块语法描述块规则
>>> chunker = nltk.RegexpParser(grammar)    #分块器
>>> result = chunker.parse(tagged_words)    #对 tagged_words 进行解析
>>> result
Tree('S', [Tree('NP', [('A', 'DT'), ('cute', 'JJ'), ('little', 'JJ'), ('boy', 'NN')]),
('is', 'VBZ'), ('shouting', 'VBG'), ('at', 'IN'), Tree('NP', [('the', 'DT'), ('cat',
'NN')]), ('.', '.')])
>>> result.draw()                           #将结果可视化
```

由图 12-3 可知，上述代码得到了两个 NP 块，分别是 A cute little boy 与 the cat。

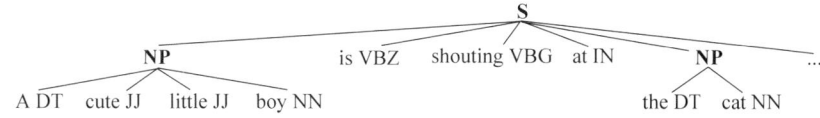

图 12-3　分块器得到的 NP 块

---

[1]　定名词短语是指包含定冠词 the 或者限定词的名词短语，如 that particular book。
[2]　因为它们几乎肯定包含更多的名词短语。
[3]　块语法通常用于识别名词短语(NP Chunking)、动词短语(VP Chunking)等。

那么如何将分块器得到的标签序列或树存储到文件中呢？答案是使用 IOB 标签。在 IOB 标签存储方案中，每个词汇都会被标记为 3 种特殊块标签之一，即 I(Inside，内部)、O(Outside，外部)或 B(Begin，开始)。一个块的起始词汇被标记为 B，块内的后续词汇被标记为 I，所有其他词汇都被标记为 O。B 和 I 标签以块类型作为后缀，如 B-NP、I-NP。

```
He PRP B-NP                          #每一行由词汇、词性标签和块标签构成
saw VBD O
the DT B-NP
yellow JJ I-NP
cat NN I-NP
```

反之，chunk.conllstr2tree()函数可以将 IOB 标签序列转换为树①。

```
>>>text = """
He PRP B-NP
saw VBD O
"""
>>> nltk.chunk.conllstr2tree(text, chunk_types=["NP"]).draw()
```

上述代码的输出结果如图 12-4 所示。如何在块规则中删除某些词性标签呢？答案是将待删除的部分放置在右大括号(})与左大括号({)之间即可。

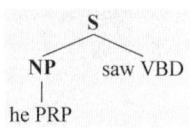

图 12-4　与 IOB 标签序列对应的树

```
>>> grammar = r"""
   NP: {<.*>+}
      }<VB.*|IN>+{                    #}与{之间的部分将被排除在分块以外
"""
>>> parser = nltk.RegexpParser(grammar)
>>> tagged_words = [('A', 'DT'), ('cute', 'JJ'), ('little', 'JJ'), ('boy', 'NN'),
('is', 'VBZ'), ('shouting', 'VBG'), ('at', 'IN'), ('the', 'DT'), ('cat', 'NN'),
('.', '.')]
>>> print(parser.parse(tagged_words))
(S
  (NP A/DT cute/JJ little/JJ boy/NN)   #得到的 NP 块
  is/VBZ                               #被删除的部分
  shouting/VBG                         #被删除的部分
  at/IN                                #被删除的部分
  (NP the/DT cat/NN ./.))              #得到的另一个 NP 块
```

12.2.2　标签模式

标签模式是使用尖括号分隔的词性标签序列，如<DT>? <JJ>*<NN>。标签模

---

① conllstr2tree()函数的功能与 tree2conllstr()函数的功能相反。

式与正则表达式模式类似。给定下列 3 个名词短语：

earlier/**JJR** stages/**NNS**；
the/DT big/JJ red/JJ ball/NN；
several/JJ potential/JJ solutions/**NNS**

可以将上述标签模式{<DT>?<JJ>*<NN>}稍加修改<DT>?<JJ.*>*<NN.*>+，使之匹配这 3 个名词短语。该标签模式将对任何以可选的限定词开头的标签序列进行分组，接着是零个或多个任何类型的形容词（包括像 earlier/JJR 这样的形容词比较级），最后是一个或多个任何类型的名词（包括像 solutions/NNS 这样的名词复数）。

为了找到一个给定语句的块结构，分块器 RegexpParser 会依次应用块规则。下列代码中定义的块规则包含了两条规则：第一条规则匹配一个可选的限定词或所有格代词（Possessive Pronoun），零个或多个形容词，最后是一个名词；第二条规则匹配一个或多个专有名词（Proper Noun）。

```
grammar = r"""
    NP: {<DT|PP\$①>?<JJ>*<NN>}
        {<NNP>+}
"""
parser = nltk.RegexpParser(grammar)
#Rapunzel let down her long golden hair 长发公主放下了她那金色的长发
tagged_words = [("Rapunzel"②, "NNP"), ("let", "VBD"), ("down", "RP"), ("her", "PP$"),
("long", "JJ"), ("golden", "JJ"), ("hair", "NN")]
print(parser.parse(tagged_words))
```

上述代码的输出结果：

```
(S
  (NP Rapunzel/NNP)
  let/VBD
  down/RP
  (NP her/PP$ long/JJ golden/JJ hair/NN))
```

下面再给出一个示例，在布朗语料库中搜索 3 个及以上的连续名词。

```
parser = nltk.RegexpParser("NOUNS: {<N.*>{3,}}")
brown = nltk.corpus.brown                    #布朗语料库
for sent in brown.tagged_sents():
    tree = parser.parse(sent)
    for subtree in tree.subtrees():
        if subtree.label() == "NOUNS":
            print(subtree)
```

上述代码的部分输出结果：

(NOUNS child/NN welfare/NN services/NNS)   #child welfare services,儿童福利服务

---

① $ 是正则表达式的一个特殊字符，需要进行转义。
② 长发公主 Rapunzel 是《格林童话》中的一个人物。

```
        (NOUNS steep/NN stone/NN stairs/NNS)          #steep stone stairs,陡峭的石阶
```

12.3 命名实体识别举例

第 1 章给出了命名实体的定义及一个英文示例。中文命名实体识别需要使用 HanLP 工具包,详见第 14 章。命名实体识别包括两个子任务:一是识别命名实体的边界;二是识别命名实体的类型。NLTK 提供的 nltk.ne_chunk()分类器专门用于识别命名实体。

```
>>> import nltk
>>> tagged = nltk.corpus.treebank.tagged_sents()[21]
>>> print(nltk.ne_chunk(tagged, binary=True))
(S
  The/DT
  finding/NN
  ...
  (NE U.S./NNP)                                       #命名实体 U.S.
  ...)
>>> print(nltk.ne_chunk(tagged))                      #参数 binary 的默认值为 False[1]
(S
  The/DT
  finding/NN
  ...
  (GPE U.S./NNP)
  ...)
```

上述代码中的 Penn Treebank 是著名的英语树库之一,它最初由宾夕法尼亚大学开发。Penn Treebank 基于大量的书面英语文本,包括新闻文章、口语对话记录等。Penn Treebank 不仅提供了分词和词性标注,还包括丰富的句法结构信息,这使得它成为研究自然语言处理的极其重要的资源。中文也有大型的树库项目 Chinese Treebank,它为中文语言处理提供了宝贵的资源。

```
import nltk
txt = "Yang Liwei is the pride of China"              #杨利伟是中国的骄傲
tokens = nltk.word_tokenize(txt)
tagged_words = nltk.pos_tag(tokens)
ne_chunked = nltk.ne_chunk(tagged_words)
#ne_chunked.draw()                                    #可视化
for chunk in ne_chunked:
    if hasattr(chunk , 'label'):
        ne = []
        for tu in chunk.leaves():                     #tu = tuple 元组
            ne.append(tu[0])
        ne_type = chunk.label()                       #得到实体的类型
```

---

[1] 参数 binary 的值为 True 时,命名实体仅标记为 NE,不进行具体的类别区分。

第12章 文本信息提取　173

```
        print(f"实体：{ ' '.join(ne)} | 类型：{ne_type}")
```

上述代码的输出结果：

```
实体：Yang   | 类型：PERSON
实体：Liwei  | 类型：ORGANIZATION
实体：China  | 类型：GPE
```

12.4　分块器的构建与评估

NLTK 语料库的 corpus 模块包含大量的分块文本，其中 CoNLL 2000 语料库包含 27 万字的《华尔街日报》文本，分为 train 和 test 两部分，并用 IOB 格式的词性标签和块标签进行注释。

```
>>> from nltk.corpus import conll2000
>>> train_sents = conll2000.chunked_sents("train.txt", chunk_types=['NP'])
>>> print(train_sents[0])                    #部分输出结果①
(S
  (NP Confidence/NN)
  (PP in/IN)
  (NP the/DT pound/NN)
  (VP is/VBZ widely/RB expected/VBN to/TO take/VB)
  (NP another/DT sharp/JJ dive/NN)
  ...   ...
)
```

CoNLL 2000 语料库包含 3 种块类型：名词短语块（Noun Phrase Chunk，NP），如 the cute little boy；动词短语块（Verb Phrase Chunk，VP），如 is shouting at the cat；介词短语块（Prepositional Phrase Chunk，PP），如 at the cat。本章仅关注名词短语块。

12.4.1　最朴素分块器与正则表达式分块器

首先，从不创建任何块的最朴素分块器开始。

```
>>> naive_chunker = nltk.RegexpParser("")        #即认为文本中不存在 NP 块
>>> test_sents = conll2000.chunked_sents("test.txt", chunk_types=["NP"])
>>> accuracy = naive_chunker.accuracy(test_sents)
>>> print(accuracy)
ChunkParse score:
    IOB Accuracy:    43.4%      #读者想一想这意味着什么？
    Precision:       0.0%
    Recall:          0.0%
    F-Measure:       0.0%
```

---

① confidence in the pound is widely expected to take another sharp dive.（人们普遍预计，对英镑的信心将再次大幅下降。）

IOB 标签的准确率表明,在 CoNLL 2000 语料库中有 43.4% 的单词被标记为 O,即不在 NP 块中。接着尝试一个简单的正则表达式分块器。经观察发现,NP 块的第一个单词的词性标签以 C、D、J、N 或 P 开头,示例如下。

```
(NP 66/CD cents/NNS)              #66 cents
(NP a/DT cup/NN)                  #a cup
(NP extra/JJ work/NN)             #extra work
(NP coffee/NN)                    #coffee
(NP his/PRP$ story/NN)            #his story
```

基于上述观察结果,提出构建如下分块器。

```
>>> pattern = r"NP: {<[CDJNP].*>+}"
>>> regexp_chunker = nltk.RegexpParser(pattern)
>>> accuracy = regexp_chunker.accuracy(test_sents)
>>> print(accuracy)
ChunkParse score:
    IOB Accuracy:    87.7%
    Precision:       70.6%
    Recall:          67.8%
    F-Measure:       69.2%
```

12.4.2 n-grams 分块器

上面使用了数据驱动(Data-Driven)的方法构建分块器,可以进一步利用这种方法,使用训练语料库来确定每个词性标签最有可能对应的块标签(I、O 或 B)。换句话说,可以使用 unigram 标记器构建一个分块器。

```
from nltk.chunk import tree2conlltags as tree2tags
from nltk.chunk import conlltags2tree as tags2tree

class UnigramChunker(nltk.ChunkParserI):
    def __init__(self, train_sents):
        #w = word,t = tag,c = chunk
        train_data = [[(t, c) for w, t, c in tree2tags(sent)] for sent in train_sents]
        self.tagger = nltk.UnigramTagger(train_data) #bigram 分块器修改本行代码

    def parse(self, sent):                          #sent 即 sentence
        pos_tags = [pos for (w, pos) in sent]       #w 即 word
        tagged_pos_tags = self.tagger.tag(pos_tags)
        chunktags = [chunktag for (pos, chunktag) in tagged_pos_tags]
        conlltags = [(w, pos, chunktag) for ((w, pos), chunktag) in zip(sent, chunktags)]
        return tags2tree(conlltags)                 #输出为分块树
>>> unigram_chunker = UnigramChunker(train_sents)
>>> accuracy = unigram_chunker.accuracy(test_sents)
>>> print(accuracy)
```

```
ChunkParse score:
    IOB Accuracy:     92.9%
    Precision:        79.9%
    Recall:           86.8%
    F-Measure:        83.2%
```

为了便于读者理解 UnigramChunker 类中涉及的代码，下面给出详细的解释。

```
>>> text = """
He PRP B-NP
saw VBD O
"""
>>> tree = nltk.chunk.conllstr2tree(text, chunk_types=["NP"])
>>> nltk.chunk.tree2conlltags(tree)
[('He', 'PRP', 'B-NP'), ('saw', 'VBD', 'O')]              #conlltags
>>> conlltags = [('He', 'PRP', 'B-NP'), ('saw', 'VBD', 'O')]
>>> nltk.chunk.conlltags2tree(conlltags)
Tree('S', [Tree('NP', [('He', 'PRP')]), ('saw', 'VBD')])  #即 train_sents 中每个样本
                                                          #的格式
```

unigram 分块器从训练语料库中学习到了什么？它将各个词性标签映射到了哪个块标签？

```
>>> pos_tags = ['#', '$', ':', '.', ',']                  #标点符号
>>> unigram_chunker.tagger.tag(pos_tags)
[('#', 'B-NP'), ('$', 'B-NP'), (':', 'O'), ('.', 'O'), (',', 'O')]
```

大多数标点符号出现在 NP 块之外，除了♯和$，这两个符号都用作货币标记。

```
>>> pos_tags = ['DT', 'PRP$', 'WP$']
>>> unigram_chunker.tagger.tag(pos_tags)
[('DT', 'B-NP'), ('PRP$', 'B-NP'), ('WP$', 'B-NP')]
```

限定词（DT），如 the、this，所有格代词 PRP$，如 your 和所有格疑问代词 WP$，如 whose，都是名词短语的开始标签。

```
>>> pos_tags = ['NN', 'NNS', 'NNP', 'NNPS']
>>> unigram_chunker.tagger.tag(pos_tags)
[('NN', 'I-NP'), ('NNS', 'I-NP'), ('NNP', 'I-NP'), ('NNPS', 'I-NP')]
```

NN、NNP、NNPS、NNS 等名词类型，大多出现在 NP 块内。

在掌握了 unigram 分块器的基础上，构建一个 bigram 分块器就变得容易多了。bigram 分块器的核心代码如下：

```
self.tagger = nltk.BigramTagger(train_data)
>>> bigram_chunker = BigramChunker(train_sents)
>>> print(bigram_chunker.accuracy(test_sents))
ChunkParse score:
    IOB Accuracy:     93.3%
    Precision:        82.3%
```

```
Recall:           86.8%
F-Measure:        84.5%
```

12.5 实体关系提取

本节使用正则表达式提取命名实体间存在的关系，尤其是那些具有指定类型的命名实体间的关系。解决这个问题的方法是查找形如(X，α，Y)的三元组，其中 X 和 Y 是指定类型的命名实体，而 α 是介于 X 与 Y 之间的字符串。下列程序搜索包含单词 in 的字符串。该段代码中特殊的正则表达式(**?!\b.+ing**)是一个前向否定断言(Negative Lookahead Assertion)，代表不期望匹配的内容。此示例要求 in 后面的词语不能以 ing 结尾。

```
>>> import re
>>> pat = re.compile(r".*\bin\b(?!\b.+ing)")    #b 即 boundary,边界
>>> for doc in nltk.corpus.ieer.parsed_docs("NYT_19980315"):
    #ORG = ORGANIZATION 组织机构,LOC = LOCATION 地理位置
    for rel in nltk.sem.extract_rels("ORG", "LOC", doc, corpus="ieer", pattern=
pat):
        print(nltk.sem.rtuple(rel))
```

上述代码的部分输出结果：

```
[ORG: 'Open Text'] ', based in' [LOC: 'Waterloo']
[ORG: 'Freedom Forum'] 'in' [LOC: 'Arlington']
[ORG: 'Georgia-Pacific'] 'in' [LOC: 'Atlanta']
```

在上述代码中，ieer 代表 Information Extraction and Entity Recognition(信息提取与实体识别)。ieer 语料库主要用于演示和教学如何进行命名实体识别和信息提取任务。文档 NYT_19980315 是其中一个文件，代表《纽约时报》(*The New York Times*)在 1998 年 3 月 15 日发布的一篇文章的摘录。sem 代表 Semantic Interpretation Package，它是 NLTK 的一个语义解释包。rtuple 是(subj,filler,obj)形式的元组，其中 subj 和 obj 是一对命名实体，filler 是 subj 和 obj 之间的单词序列。上述代码中的正则表达式 r".*\bin\b(?!\b.+ing)"，不能匹配诸如 She delights **in helping** others overcome their challenges.这样的语句。

```
import spacy
#加载 SpaCy 的中文模型
model = spacy.load('zh_core_web_sm')
text = "北京市是中国的首都,位于华北地区。"
doc = model(text)
for ent in doc.ents:
    print(f"实体：{ent.text} | 类型：{ent.label_}")
for token in doc:
    print(f"词汇：{token.text} | 词性：{token.pos_} | 依存关系：{token.dep_}")
```

上述代码的部分输出结果：

实体：北京市 | 类型：GPE   #地缘政治实体(GPE)

实体：中国 | 类型：GPE
实体：华北 | 类型：LOC   #地理位置(LOC)
词汇：北京市 | 词性：PROPN[①]| 依存关系：nsubj

nsubj 即 nominal subject，名词性主语，即"北京市"是名词性主语。

12.6 关键词提取

本节使用 TF-IDF 算法提取英文关键词。提取中文关键词的示例参见第 1 章和第 14 章。

```
import nltk
from sklearn.feature_extraction.text import TfidfVectorizer
from nltk.corpus import stopwords
#均衡的饮食有助于降低患慢性疾病的风险。政府采取措施减少塑料垃圾。
text = " A balanced diet can help reduce the risk of chronic diseases. The
government introduces measures to decrease plastic waste."
tokens = nltk.word_tokenize(text)          #分词
stopwords = set(stopwords.words('english'))
filtered_tokens = [word for word in tokens if word.lower() not in stopwords]
#重新组合成字符串
processed_text = ' '.join(filtered_tokens)
vectorizer = TfidfVectorizer()             #初始化 TfidfVectorizer
#计算 TF-IDF
tfidf_matrix = vectorizer.fit_transform([processed_text])
#获取特征名称
feature_names = vectorizer.get_feature_names_out()
#获取 TF-IDF 矩阵中的最高得分项
scores = tfidf_matrix.toarray()[0]
#找到得分最高的 5 个关键词
topK = 5
top_indices = scores.argsort()[::-1][:topK]
#输出关键词
for i in top_indices:
    print(f"{feature_names[i]:12s}: {scores[i]:.2f}")
```

上述代码的输出结果：

```
waste       : 0.28
risk        : 0.28
reduce      : 0.28
plastic     : 0.28
measures    : 0.28
```

---

① PROPN 代表专有名词。

12.7 小结

文本信息提取是指从非结构化或半结构化的文本中自动提取结构化信息的过程。这些信息被转化为计算机可以理解和操作的形式,如知识图谱的节点和边等。文本信息提取通常涉及命名实体识别、实体关系提取等几个核心子任务。实体识别的基本技术是分块,该技术将词语序列进行切分并标注。NP-Chunking 搜索与单个名词短语相对应的块。实体关系是形如 (X, α, Y) 的三元组,其中 X 和 Y 是指定类型的命名实体,而 α 是介于 X 与 Y 之间的字符串。

练 习 题

1. 给出 NLP 领域中文本信息提取的定义。
2. 文本信息提取通常涉及哪几个子任务?(至少写出 3 个)
3. 在 NLTK 库中,词性标签 NNP 与 VBZ 分别代表什么词性?
4. 给出一个中文命名实体和一个英文命名实体的实例。
5. 实体识别的基本技术是什么?
6. NP-Chunking(Noun Phrase Chunking)的功能是什么?
7. 解释块规则 NP:{<DT>?<JJ>*<NN>}代表的含义。
8. 在 IOB 标签存储方案中,I、O 和 B 分别代表什么?
9. 命名实体识别包括两个子任务,它们分别是什么?
10. NLTK 训练了一个专门用于识别命名实体的分类器,这个分类器是什么?
11. 给出一个关于"指代消解"的实例。
12. 写出下列代码的输出结果_____。

```
>>> pat = re.compile(r".*\bin\b(?!\b.+ing)")    #b 即 boundary,边界
#上海交通大学位于上海
>>> s = "Shanghai Jiao Tong University is located in Shanghai"
>>> result = re.search(pat, s)
>>> result.group()
```

13. 使用 jieba.analyse.extract_tags() 函数,提取并输出语句"十四届全国人大二次会议第二场'代表通道'在人民大会堂举行,全国人大代表、中国科学院院士、南开大学副校长陈军接受采访。"中两个最重要的关键词及其对应的权重。

14. 完善下列代码,借助于 langid 库识别文本所使用的语言。

```
def detect_language(text):
    lang, _ = langid.classify(text)
    if lang == 'zh':
        return "中文"
    elif lang == 'en':
        return '英文'
    else:
```

```
        return "其他"
while True:
    text = input("text = ")
```
_____

15. 查阅资料给出关键词提取算法 TextRank 的基本原理。使用该算法,提取并输出语句"十四届全国人大二次会议第二场'代表通道'在人民大会堂举行,全国人大代表、中国科学院院士、南开大学副校长陈军接受采访。"中两个最重要的关键词及其对应的权重。

```
textrank(sentence, topK=20, withWeight=False, allowPOS=('ns', 'n', 'vn', 'v'), withFlag=False)
from jieba.analyse import textrank
```

16. NLTK 的 corpus 语料库模块拥有大量的分块文本,其中 CoNLL 2000 语料库包含 27 万字的《华尔街日报》文本,该文本被分为 train 和 test 两部分,并用 IOB 格式的词性标签和块标签进行了注释。编写代码读取语料库 train 部分的第 100 个句子。

17. 构建一个最朴素分块器,即认为文本中不存在 NP 块,然后使用 CoNLL 2000 语料库计算该分块器的 IOB 准确率(Accuracy)。

第 13 章 情 感 分 析

情感分析(Sentiment Analysis),又称为情感挖掘、情感倾向分析等,是自然语言处理、文本挖掘和计算语言学领域的一个重要研究方向。它旨在通过计算机技术自动识别、提取和理解文本[①]中蕴含的情绪、情感、态度、观点等主观信息。

情感分析通常分为 4 个级别,粒度从小到大依次为短语级、语句级、文档级和主题或领域级。

- 短语级(Phrase Level):这是情感分析的基础,分析单个短语的情感倾向,即判断每个短语传递的情感是正面的、负面的还是中性的;
- 语句级(Sentence Level):分析整个语句表达的情感,这就要求分析模型能够理解句子的结构与内部语法,如否定词对情感的影响;
- 文档级(Document Level):这一层次不仅要分析单个语句的情感,还要考虑语句之间的关系;
- 主题或领域级(Topic or Domain Level):这涉及收集与分析大量的相关文档,理解公众对某一特定话题的整体情感态度,如对某社会事件的情绪反应。

上述 4 个层级从微观到宏观,逐步构建起对文本情感的深入理解,这有助于在不同应用场景下进行精准的情感洞察,进而为决策过程提供支持。

13.1 短语级的情感分析

短语级的情感分析专注于分析文本中单个短语的情感倾向,它是复杂情感分析任务的基础。以下是几种常见的短语级情感分析方法。

(1) 基于情感词典的方法。

① 给定一组已知极性(正面和负面)的种子词(Seed)集合;

② 对于一个情感倾向未知的新词,在该集合中搜寻与其语义相近的若干词;

③ 根据搜寻到的种子词的极性,推断新词的情感倾向。

(2) 基于无监督学习的方法。

① 给定一组已知极性的种子词集合;

[①] 也包括其他形式的数据,如语音数据。

② 对于一个情感倾向未知的新词,根据语料库中词语间的共现关系,判断它们之间的紧密联系程度;

③ 根据有共现关系的种子词的极性,推断新词的情感倾向。

(3) 基于人工标注语料库的方法。

① 首先对语料库进行手工标注,标注级别分为短语级、语句级和文档级;

② 以这些标注语料库为依托,利用词语间的各种关系,如共现关系、搭配关系、语义关系[①],推断其他词语的情感倾向。

(4) 使用循环神经网络(Recurrent Neural Network,RNN)等深度学习模型,在词语序列上进行端到端的情感分析,以捕捉更深层次的语言结构和上下文依赖。限于篇幅,本书不讲述这方面的内容。

下面学习一个概念——逐点互信息(Pointwise Mutual Information,PMI)。逐点互信息用于衡量两个事物之间的相关性,其计算公式如下。

$$\text{PMI}(x,y) = \log_2 \frac{p(x,y)}{p(x)p(y)}$$

其中,$p(x,y)$是事件 x 和 y 同时发生的概率;$p(x)$ 和 $p(y)$ 分别是事件 x 和 y 单独发生的概率。

基于逐点互信息,简单叙述第二种短语级情感分析方法的主要步骤。

(1) 假设以"真""善""美"作为褒义种子词,"假""恶""丑"作为贬义种子词;

(2) 一个新词的情感倾向定义为它与各个褒义种子词的 PMI 之和,减去它与各个贬义种子词的 PMI 之和;

(3) 计算结果的符号(正或负)代表新词的情感倾向,而其绝对值大小则反映了新词情感倾向的强度。

下面编程实现第 1 种情感分析方法,即基于情感词典的方法。

```
import spacy
import warnings

warnings.filterwarnings("ignore")          #忽略警告信息
#褒义种子词集合
pos_seeds = ["excellent", "fantastic", "great", "wonderful"]
#贬义种子词集合
neg_seeds = ["terrible", "bad", "awful", "poor"]
#待推断情感倾向的新词
new_words = ["delightful", "joyful", "disappointing", "sad"]
model = spacy.load("en_core_web_sm")

def calculate_sentiment_value(word):
    word = model(word)
    pos_value, neg_value = 0, 0
```

---

① 词语间的语义关系包括同义关系(Synonymy)、反义关系(Antonymy)、上位词与下位词(Hypernymy and Hyponymy)等。

```
        for seed in pos_seeds:
            seed = model(seed)
            pos_value += word[0].similarity(seed[0])
        for seed in neg_seeds:
            seed = model(seed)
            neg_value += word[0].similarity(seed[0])
        return pos_value / len(pos_seeds) - neg_value / len(neg_seeds)

    for word in new_words:
        value = calculate_sentiment_value(word)
        print("{:20} {:>10.4f}".format(word, value))
```

上述代码的输出结果：

```
delightful               0.0027
joyful                   0.0124
disappointing           -0.0183
sad                     -0.0116
```

13.2 语句级的情感分析

语句级情感分析的处理对象是在特定上下文中出现的语句，其任务就是对语句中的各种主观性信息进行分析和提取，包括对语句情感倾向的判断，以及从中提取与情感倾向论述相关联的各个要素，包括评论持有者、评价对象、情感倾向、强度等。表13-1 给出了一个语句级情感分析实例。

表 13-1 语句级情感分析实例

项　目	内　　容
评论内容	我上周刚收到这款智能手表，它的外观设计非常时尚，但是电池续航能力比我预期的要弱很多，总体来说，如果能改善电池问题，我会给予更高评价
评论持有者	我
评价对象	智能手表
情感倾向	正面情感：外观设计非常时尚
	负面情感：电池续航能力比我预期的要弱很多
情感极性	包含正负两极
情感强度	外观设计的情感强度高；电池续航的情感强度也很高
综合评价	虽然赞赏了设计，但由于显著的负面反馈（电池问题），综合来看，这条评论倾向于中性或轻微负面，且明确提出了改进建议（改善电池问题）

语句级情感分析的方法主要有两种，一种是基于词典的方法，另一种是基于机器学习的方法。基于词典的方法依赖于事先构建好的情感词典，其中包含一定数量的词语及其对应的情感极性和可能的情感强度。这种方法的工作流程大致如下。

- 预处理：首先对文本进行清洗，包括去除噪声、分句、分词等；
- 情感词匹配：依次遍历语句中的每个词汇，如果该词出现在情感词典中，则根据词典赋予的情感极性和权重计算语句的整体情感得分；
- 情感判断：根据得分总和判断语句的整体情感倾向。如果总得分大于 0，则认为语句倾向于正面评价；小于 0 则倾向于负面评价；等于 0 或接近于 0 则可能是中性评价。

基于词典的方法的优点是实现简单，模型训练不需要大量的标注数据；可解释性强，因为情感判断基于明确的词汇情感值。它的缺点主要有两个，一是词典覆盖不全面，难以应对新词；二是无法很好地处理语境，容易忽略情感的微妙变化以及反语等。

在深度学习模型出现以前，机器学习方法在情感分析领域占据着主导地位，它的主要步骤如下。

- 数据准备：收集并标记大量文本数据，每个样本需标明其情感标签（正面或负面）；
- 特征提取：从文本中提取有助于情感判断的特征，如词频、TF-IDF 值、词袋模型、词向量或更复杂的句法和语义特征；
- 模型训练：使用监督学习算法，如朴素贝叶斯、支持向量机，在特征与情感标签之间建立模型，学习从输入特征预测情感类别的模式；
- 评估与优化：通过交叉验证等技术评估模型性能，可根据需要调整模型参数以提高准确率、召回率等评价指标；
- 应用与预测：模型训练完成以后，可将模型用于未见文本的情感分类。

基于机器学习的方法的优点是模型的自动学习能力，它能适应更广泛的语言风格和复杂语境；泛化能力强，对未见数据也有较好的表现；可以处理更细腻的情感分类和强度评估。它的缺点包括需要大量的标注数据以训练高质量的模型；训练过程可能较复杂，对计算资源要求较高；模型有时显得"黑盒"，解释性不如基于词典的方法。

综上所述，基于词典的方法适合快速部署和简单场景，而机器学习方法在面对复杂情感分析任务时展现出了更高的准确性和灵活性。在实际应用中，常常将两者结合起来使用，如使用词典辅助特征提取，或者将词典的情感得分作为特征之一输入机器学习模型中。

举例如下：

```
import jieba
from collections import defaultdict[①]

sentiment_dict = defaultdict(int, {
    "爱": 2,
    "喜欢": 1,
    "恨": -2,
    "讨厌": -1,
})

def preprocess(text):
    return jieba.lcut(text)
```

---

① 在本例中，当访问一个不存在的键时，defaultdict 会返回整数 0，而不是抛出异常，这与字典 dict 不同。

```
def calculate_sentiment_value(words, sentiment_dict=sentiment_dict):
    sentiment_value = sum(sentiment_dict[word] for word in words)
    return sentiment_value

def sentiment_analyze(text):
    words = preprocess(text)
    value = calculate_sentiment_value(words)

    if value > 0:
        sentiment = "正面"
    elif value < 0:
        sentiment = "负面"
    else:
        sentiment = "中性"

    return f'文本："{text}",情感倾向性"{sentiment}",得分{value}'

text = "我喜欢具有拼搏精神的人!"
result = sentiment_analyze(text)
print(result)
```

上述代码的输出结果：

文本："我喜欢具有拼搏精神的人!",情感倾向性"正面",得分 1

13.3 文档级的情感分析

文档级的情感分析旨在评估整个文档的情感倾向。与词级和句级的情感分析方法不同，文档级的情感分析需要考虑整篇文章的上下文，理解作者的总体观点或情感倾向。以下是关于文档级情感分析的一些方法。

1. 基于情感词典的方法

词典方法利用事先构建好的情感词汇表，如计算文档中正面和负面词语的数量及强度，进而得出文档的整体情感得分。这种方法虽然简单、速度快，但是无法捕捉到复杂的上下文信息。

2. 基于机器学习的方法

这类方法的主要步骤如下。

（1）特征提取：从文档中提取词频、词性、TF-IDF、N-gram 等特征；

（2）模型训练：使用支持向量机（SVM）、朴素贝叶斯、决策树、神经网络等算法训练模型；

（3）模型评估与优化：使用交叉验证、网格搜索等技术调整模型参数。

3. 基于深度学习的方法

深度学习方法如卷积神经网络（CNN）、循环神经网络（RNN）和长短期记忆网络（LSTM），能够有效地捕捉文本中的长期依赖关系和复杂结构。Transformer 架构也是一种深度学习模型,它主要用于处理序列型数据,在自然语言处理领域取得了巨大的成功。与传统的卷积神经网络等相比,Transformer 架构在处理长序列时更加高效,因为它避免了逐个处理序列元素的限制。通过在大规模语料库上进行预训练,Transformer 架构,如 BERT、GPT,能够更好地理解语境,进而提高情感分析的准确性。

4. 集成学习(Ensemble Learning)和多模型组合(Multi-model Combination)方法

集成学习是一种机器学习方法,它通过构建并结合多个学习器来改进预测性能。集成学习的核心思想是通过组合多个弱学习器来形成一个强学习器。这些弱学习器通常是独立训练的,并且它们的预测能力比单独的强学习器要弱。多模型组合方法是指在机器学习任务中使用多个模型,并将它们的预测结果结合起来以提高预测性能。这种组合方法可以采用各种策略,包括但不限于投票、加权平均。

以上是 4 种文档级的情感分析方法。在进行文档级的情感分析时,需要综合考虑文本的长度、复杂性以及上下文的重要性。在实际应用中,可能需要根据具体的应用领域以及数据集的特点,适当调整所使用的方法与模型。

文档级情感分析的常用数据集有 3 个,如表 13-2 所示。另外,文档级情感分析的常用工具有 NLTK、TextBlob、SpaCy 等。

表 13-2 文档级情感分析的常用数据集

数据集名称	说　　明
电影评论数据集 IMDB	一个常用的二分类情感分析数据集,包含正面和负面评论
情感分析竞赛数据 SemEval	提供多种语言的文档级情感分析数据和任务
产品评论数据集 Amazon	涵盖了多种产品类别,适合多领域情感分析

13.4　主题或领域级的情感分析

主题或领域级的情感分析是一种更精细的情感分析技术,它旨在识别和分析文本中与特定主题或领域相关的情感倾向。这种方法不仅考虑文本的整体情感,还能区分文本中不同主题的情感色彩,这对于理解复杂文本中的细微差别至关重要。在实践中,选择合适的方法和工具时需要考虑数据的特点、领域知识和可用资源。

下面简单罗列主题或领域级情感分析最重要的研究方法与技术。

- 基于规则的方法:使用预定义的规则和情感词典来识别文本中的主题和情感倾向;
- 监督学习:通过训练机器学习模型,如贝叶斯、SVM、随机森林、神经网络,来识别主题和情感倾向;
- 深度学习:利用 LSTM、Transformer 等模型捕捉序列数据中的复杂关系;
- 注意力机制:在深度学习模型中使用注意力机制,突出显示文本中与特定主题相关的重要部分;
- 领域适应性:调整模型以适应特定领域的语言特性和情感表达;
- 多任务学习:同时学习主题检测和情感分析,以提高模型的综合性能。

主题或领域级的情感分析在商业智能、市场研究、客户服务和社交媒体监控等领域有着广泛的应用。通过对特定主题的情感进行深入分析,企业可以更好地理解客户的需求和偏好,从而制定更有效的策略。

主题或领域级的情感分析的常用数据集有两个,分别是 SemEval 和 ABSA,如表 13-3 所示。另外,主题或领域级情感分析的常用工具有 TextBlob、SpaCy、ABSA 工具箱等。

表 13-3　主题或领域级情感分析的常用数据集

数据集名称	说　　明
SemEval	提供了多个基于主题或领域级的情感分析任务和相应的数据集
Aspect-based Sentiment Analysis (ABSA) Task	这是 SemEval 竞赛的一部分,每年都会更新数据集和任务定义

13.5　应用举例

首先使用 NLTK 的 VADER 进行情感分析。VADER(Valence Aware Dictionary and sEntiment Reasoner)是 NLTK 的一个情感分析工具。VADER 基于规则和词汇表,特别适合对社交媒体文本进行情感分析。

```
import nltk
from nltk.sentiment import SentimentIntensityAnalyzer
#加载情感词典 vader_lexicon
nltk.download("vader_lexicon")

sia = SentimentIntensityAnalyzer()
text = "I really loved the movie, it was fantastic!"
sentiment = sia.polarity_scores(text)
print(sentiment)
```

上述代码的输出结果:

```
{'neg': 0.0, 'neu': 0.382, 'pos': 0.618, 'compound': 0.8436}
```

上述代码中的变量 sentiment 是一个字典,它包含文本的负面(Negative)、中性(Neutral)、正面(Positive)情感得分以及复合得分(总体的情感倾向)。

接着使用 TextBlob 对相同的文本 text 进行情感分析。

```
>>> from textblob import TextBlob
#语句级的情感分析
>>> text1 = "The design of this product is sleek and modern, which I absolutely love."
>>> blob = TextBlob(text1)
>>> blob.sentiment.polarity
0.35
#语句级的情感分析
>>> text2 = "However, the battery life is incredibly disappointing."
>>> blob = TextBlob(text2)
```

```
>>> blob.sentiment.polarity
-0.6
#模拟文档级的情感分析
>>> blob = TextBlob(text1 + text2)
>>> polarity = blob.sentiment.polarity
>>> round(polarity, 3)
-0.067                              #0.35与-0.6的某种折中
```

在 TextBlob 中，文本主观性（Subjectivity）的取值范围是[0,1]，其中 0 表示非常客观，即文本包含的是事实信息，没有个人意见或情感色彩；1 表示非常主观，即文本包含大量的个人观点、情感表达或推测。

```
>>> text = "I really loved the movie, it was fantastic!"
>>> blob = TextBlob(text)           #创建 TextBlob 对象
>>> blob.sentiment.subjectivity     #计算文本的主观性
0.85
```

TextBlob 的分析器在默认情况下是针对英文设计的，进行中文情感分析推荐使用 snownlp。snownlp 是一个轻量级的、专门为中文文本处理设计的 Python 库。

```
>>> from snownlp import SnowNLP
>>> text = "这家餐厅的食物真的很好吃,服务态度也很好,环境优雅,非常满意这次的就餐体验。"
>>> snow = SnowNLP(text)
>>> snow.sentiments
0.9980
>>> blob = TextBlob(text)
>>> blob.sentiment.polarity
0.0                                 #显然,中文情感分析不能使用 TextBlob
```

下面给出一个使用 sklearn 库进行中文情感分类的简单框架。

```
import jieba
from sklearn.model_selection import train_test_split
from sklearn.feature_extraction.text import TfidfVectorizer
from sklearn.svm import LinearSVC
from sklearn.metrics import accuracy_score

#分词前的中文评论文本列表
texts = ["text1", "text2", ...]
#对应的情感标签列表,0 代表负面,1 代表正面
labels = [0, 1, 0, ...]

#使用 jieba 对中文文本执行分词操作
texts_segmented = [' '.join(jieba.cut(text)) for text in texts]

#将数据集划分为训练集和测试集
texts_train, texts_test, labels_train, labels_test = train_test_split(texts_
```

```
                segmented, labels, test_size=0.2, random_state=42)    #测试集占 20%

#使用 TfidfVectorizer 进行特征提取
vectorizer = TfidfVectorizer()
X_train = vectorizer.fit_transform(texts_train)
X_test = vectorizer.transform(texts_test)           #注意,不是 fit_transform()方法

#训练一个线性的支持向量机
svm = LinearSVC()
svm.fit(X_train, labels_train)                      #注意,不是 fit_transform()方法

#预测测试集中各个文本的情感标签
predictions = svm.predict(X_test)

#计算准确率
accuracy = accuracy_score(labels_test, predictions)
print(f'模型准确率: {accuracy * 100:.2f}%')
```

上述代码只是一个基本的代码框架,在实际应用中可能需要更复杂的预处理步骤,如词干化、去除噪声等。另外,情感分析的性能在很大程度上取决于特征选择和模型的参数调优,这可能需要尝试不同的特征提取方法,如 word2vec、BERT 嵌入,以及选择合适的模型。

```
>>> accuracy = 0.87423
>>> print(f'模型准确率: {accuracy * 100:.2f}%')
模型准确率: 87.42%
```

13.6 小结

情感分析又称为情感挖掘、情感倾向分析等,它旨在通过计算机技术自动识别、提取和理解文本中蕴含的情绪、情感、态度、观点等主观信息。情感分析通常分为 4 个级别,粒度由小到大依次为短语级、语句级、文档级和主题或领域级。短语级的情感分析专注于分析文本中单个短语的情感倾向,它是复杂情感分析任务的基础,常用的方法有基于情感词典的方法、基于无监督学习的方法、深度学习模型等。

语句级情感分析的处理对象是在特定上下文中出现的语句,而文档级的情感分析旨在评估整个文档的情感倾向。与词级和句级的情感分析方法不同,文档级的情感分析需要考虑整篇文章的上下文,理解作者的总体观点与情感倾向。主题或领域级的情感分析是一种更精细的情感分析技术,它自动识别和分析文本中与特定领域相关的情感倾向,常用的方法有基于规则的方法、监督学习、深度学习等。

练 习 题

1. 给出情感分析的定义。
2. 写出文本情感分析的 4 个级别。

3. 查阅资料说出基于词典的短语级情感分析方法的优点和缺点。
4. 简单列举出语句之间的 3 种关系。
5. 查阅资料,回答 Transformer 架构最适合处理哪种类型的数据?
6. 查阅资料,写出 Transformer 架构的 3 个主要特点。
7. 首先估算下列文本总体的情感倾向 polarity,然后再使用 TextBlob 计算。
"这手机的画面极好,操作也比较流畅。不过拍照真的太烂了!系统也不好。"
8. 集成学习的核心思想是什么?
9. 什么叫作多模型组合算法?
10. 登录 AI Studio 网站,下载电影评论数据集 IMDB,编写 Python 代码,统计其中训练集的文档数量。
11. 在文档级的情感分析中,有哪些特征可以用于模型训练(至少写出 3 种)?

第 14 章 自然语言处理工具箱

自然语言处理工具箱是指一系列软件库和框架,它们被设计用于处理诸如分词、词性标注、命名实体识别、语法分析、情感分析、机器翻译等多种 NLP 任务。本章主要讲述 NLTK、SpaCy、TextBlob、HanLP、Gensim 和 Jieba 等库的简单使用。

14.1 NLTK

前面章节已对 NLTK 进行了详细讲解,本节对这些用法进行简单汇总。

```
>>> from nltk.tokenize import word_tokenize, sent_tokenize
>>> text = "How are you? Fine, thank you!"
>>> sentences = sent_tokenize(text)        #分割成句
>>> sentences
['How are you?', 'Fine, thank you!']
>>> words = word_tokenize(text)            #分割成词
>>> words
['How', 'are', 'you', '?', 'Fine', ',', 'thank', 'you', '!']
>>> from nltk.corpus import stopwords
>>> stopwords = set(stopwords.words("english"))
>>> len(stopwords)                         #共收录了 179 个停用词
179                                        #停用词:常见但无意义的词
>>> filtered_words = [word for word in words if word not in stopwords]
>>> filtered_words
['How', '?', 'Fine', ',', 'thank', '!']
>>> from nltk import pos_tag                #词性标注
>>> tagged_words = pos_tag(words)           #为每个单词分配词性标签
>>> tagged_words
[('How', 'WRB'), ('are', 'VBP'), ('you', 'PRP'), ('?', '.'), ('Fine', 'NNP'), (',', ','), ('thank', 'NN'), ('you', 'PRP'), ('!', '.')]
```

WRB 为疑问副词;VBP 为动词,非第三人称单数现在时;PRP 为人称代词;NNP 为专有名词,单数;NN 为名词,单数或不可数。

词干提取(Stemming)是一种文本处理技术,旨在将词语还原为词根或基础形式,从而减少词汇的变体,便于文本分析。

```
>>> from nltk.stem import PorterStemmer
>>> text = "running runner runs"
>>> words = word_tokenize(text)
>>> stemmer = PorterStemmer()              #使用 PorterStemmer 提取单词的词干
>>> stemmed_words = [stemmer.stem(word) for word in words]
>>> stemmed_words
['run', 'runner', 'run']
```

词形还原(Lemmatization)是一种比词干提取更精确的文本预处理技术,因为它还充分考虑到了词性,试图将词语还原为词典中的标准形式。

```
>>> from nltk.stem import WordNetLemmatizer
>>> text = "playing played plays"
>>> words = word_tokenize(text)
>>> pos_tags = nltk.pos_tag(words)
>>> pos_tags
[('playing', 'VBG'), ('played', 'VBD'), ('plays', 'NNS')]
>>> from nltk.corpus import wordnet
>>> lemmatizer = WordNetLemmatizer()
>>> for word, tag in pos_tags:              #此处只演示名词和动词的还原
    if tag.startswith("NN"):
        print(lemmatizer.lemmatize(word, pos=wordnet.NOUN))
    elif tag.startswith("VB"):
        print(lemmatizer.lemmatize(word, pos=wordnet.VERB))
```

上述代码的输出结果:

```
play
play
play
>>> text = "2026 FIFA World Cup"
>>> sents = sent_tokenize(text)
>>> words = [word_tokenize(sent) for sent in sents]
>>> tagged_words = [pos_tag(word) for word in words]
>>> ne_tree = ne_chunk(tagged_words[0])
>>> ne_tree                         #CD 即 Cardinal number,为基数词
Tree('S', [('2026', 'CD'), Tree('ORGANIZATION', [('FIFA', 'NNP')]), ('World', 'NNP'),
('Cup', 'NNP')])
>>> ne_tree.draw()                  #绘制的树如图 14-1 所示
```

图 14-1 命名实体识别树

NLTK 支持创建文本分类器,如朴素贝叶斯分类器,用于情感分析和主题分类。限于篇幅,此处不再讲述。

```
#加载贝叶斯分类器
>>> from nltk.classify import NaiveBayesClassifier
>>> from nltk.corpus import wordnet
>>> syns = wordnet.synsets("good")              #得到 good 同义词集
>>> syns[0].definition()                         #查看其第 1 个定义
'benefit'
>>> word1 = wordnet.synset("good.a.01")
>>> word2 = wordnet.synset("excellent.a.01")
>>> word1.wup_similarity(word2)                  #计算 word1 与 word2 的语义相似度[1]
0.5
```

使用 CountVectorizer、TfidfVectorizer 类进行文本向量化，为机器学习模型准备输入数据。

```
>>> from sklearn.feature_extraction.text import CountVectorizer
>>> cv = CountVectorizer()                       #词袋模型
>>> from sklearn.feature_extraction.text import TfidfVectorizer
>>> tfidf = TfidfVectorizer()                    #TF-IDF 模型
```

14.2　SpaCy

SpaCy 是一个开源的自然语言处理库，支持多种语言。它以其速度、效率和可扩展性在 NLP 领域中享有盛誉，尤其适于工业级应用和大规模文本数据处理。SpaCy 的核心特性如下。

（1）效率高：优化的 Cython[2] 与 C++ 后端确保了其在处理大量文本时的高速度；

（2）方便使用：提供简洁直观的 API，使得开发者能够快速上手；

（3）文本预处理：包括文本清洗、标准化等预处理步骤，这些是执行 NLP 任务的基础；

（4）功能全面：内置了多种预训练模型，支持分词、词性标注、命名实体识别、依存关系分析、句法分析等多种 NLP 任务；

（5）可定制性：可根据需要添加自定义的处理组件，以及训练模型以适应特定领域的训练数据；

（6）数据结构：引入了 Token、Span 和 Doc 等核心数据结构，便于高效地访问和操作文本中的信息；

（7）语言与模型支持：为多种语言提供了预训练模型，如小型英文模型 en_core_web_sm、基于 Transformer 的大模型 en_core_web_trf、中文模型 zh_core_web_sm；

（8）机器学习算法的集大成者：支持模型的微调与新模型的训练，便于用户根据自身需求定制模型。

国内用户可到相关网站下载与 3 个模型 en_core_web_sm、en_core_web_trf、zh_core_web_sm 相对应的 whl 文件，如 en_core_web_sm-3.7.1-py3-none-any.whl，然后使用命令

---

[1] wup similarity 即 Wu-Palmer similarity，Wu-Palmer 是人名。
[2] Cython 是 Python 语言的扩展，旨在提升 Python 代码的执行效率。

"pip install 文件路径"安装后即可使用。安装 3 个模型前,需要先安装 spacy 库,其命令为 pip install spacy。

```
>>> import spacy                              #加载 SpaCy 模型
>>> nlp = spacy.load('en_core_web_sm')        #加载小型英文模型
>>> text = "sentence one. sentence two."      #这段文本由两个句子组成
>>> doc = nlp(text)
>>> for sent in doc.sents:                    #分句
        print(sent.text)
```

上述代码的输出结果:

```
sentence one.
sentence two.
```

```
>>> text = "To demonstrate tokenization."
>>> doc = nlp(text)                           #分词
>>> for token in doc:
        print(token.text)
```

上述代码的输出结果:

```
To
demonstrate
tokenization
.
```

```
>>> for token in doc:                         #词性标注
        print(token.text, token.pos_)
```

上述代码的输出结果:

```
To PART                                       #助词 Particle
demonstrate VERB                              #动词 Verb
tokenization NOUN                             #名词 Noun
. PUNCT                                       #标点符号 Punctuation
```

```
>>> text = "2026 FIFA World Cup"
>>> doc = nlp(text)
>>> for entity in doc.ents:                   #命名实体识别
        print(entity.text, entity.label_)
```

上述代码的输出结果:

```
2026 DATE                                     #日期 Date
World Cup EVENT                               #事件 Event
```

```
>>> for token in doc:                         #依存关系分析(Dependency Parsing)
        print(token.text, token.dep_, token.head.text)
```

上述代码的输出结果:

```
2026 nummod Cup                          #2026 是 Cup 的数词修饰语 nummod①
FIFA compound Cup                        #复合词 compound 的一个成分
World compound Cup
Cup ROOT Cup                             #句子的主干 ROOT

#加载中文模型,其用法与 en_core_web_sm 模型类似
>>> nlp = spacy.load("zh_core_web_sm")
>>> text = "我热爱运动"
>>> doc = nlp(text)
>>> for token in doc:                    #词性标注
      print(token.text, token.pos_)
```

上述代码的输出结果：

```
我 PRON                                  #PRON 指代词,Pronoun
热爱 VERB
运动 NOUN
```

基于 Transformer 的大模型 en_core_web_trf,其用法与 en_core_web_sm 小模型相类似。

```
#加载 Transformer 大模型 en_core_web_trf
>>> nlp = spacy.load("en_core_web_trf")
>>> text = "Everyone loves their homeland."
>>> doc = nlp(text)
>>> for token in doc:
      print(f"{token.text} => {token.pos_}")
```

上述代码的输出结果：

```
Everyone => PRON
loves => VERB
their => PRON
homeland => NOUN
. => PUNCT
```

14.3　TextBlob

　　TextBlob 是一个基于 Python 语言的自然语言处理工具包。它提供了一套简单易用的 API 来处理常见的 NLP 任务,如分词、词性标注,而无须深入了解复杂的 NLP 概念。TextBlob 构建在 NLTK 以及其他库之上,在某些高级 NLP 任务上可能不如 NLTK 等库强大,但对于初学者和进行简单的文本分析来说,它是一个理想的选择。下面使用命令 pip install textblob 安装 TextBlob 库。

```
>>> from textblob import TextBlob
```

---

① nummod 即 numeral modifiers,数词修饰语。

```
>>> text = "TextBlob is a great library for natural language processing."
>>> blob = TextBlob(text)                    #创建TextBlob对象
>>> polarity = blob.sentiment.polarity       #计算文本的整体极性(Polarity)
>>> print(f"Polarity: {polarity}")
Polarity: 0.45
#计算文本的主观性(Subjectivity)
>>> subjectivity = blob.sentiment.subjectivity
>>> print(f"Subjectivity: {subjectivity}")
Subjectivity: 0.575
>>> for word, tag in blob.tags:              #词性标注,为每个单词分配一个词性标签
    print(word, tag, end=" || ")
```

上述代码的输出结果:

```
TextBlob NNP || is VBZ || a DT || great JJ || library NN || for IN || natural JJ || language NN || processing NN ||
>>> misspelled_text = "wrld peace"           #自动修正拼写错误
>>> blob = TextBlob(misspelled_text)
>>> blob.correct()
TextBlob("world peace")
#提取文本中的名词短语
>>> text = "A tall building "
>>> blob = TextBlob(text)
>>> blob.noun_phrases
WordList(['tall building'])
```

虽然TextBlob不直接支持命名实体识别,但可以通过其他方式间接实现。TextBlob还支持更多高级功能,如词干化。

14.4 HanLP

HanLP是一款由北京大学研发的高性能中文处理工具包,支持多种NLP任务,如分词、词性标注、命名实体识别等。HanLP的核心竞争力在于其采用的高效算法,以及针对大规模数据的优化能力,同时还提供了简洁易用的API。

HanLP的功能包括中文分词、词性标注、命名实体识别、依存句法分析、成分句法分析、语义依存分析、语义角色标注、抽象意义表示、指代消解、语义文本相似度、文本风格转换、关键词短语提取、抽取式自动摘要、生成式自动摘要、文本纠错、文本分类、情感分析。

在Python中使用HanLP需要安装pyhanlp库,安装命令为pip install pyhanlp。

```
>>> from pyhanlp import *
>>> HanLP = JClass("com.hankcs.hanlp.HanLP")
>>> text = "HanLP是一个强大的NLP工具"
>>> term_list = HanLP.segment(text)
>>> for term in term_list:
    print(term.toString())
```

上述代码的输出结果：

```
HanLP/nx                        #nx 为一般名词
是/vshi                          #vshi 为动词"是"
一个/mq                          #mq 为数量词
强大/a                           #a 为形容词
的/ude1                          #ude1 为助词
NLP/nx
工具/n                           #n 为名词


>>> segment = HanLP.newSegment()
#启用所有命名实体识别
>>> segment.enableAllNamedEntityRecognize(True)
>>> text = "北京清华大学"
>>> terms = segment.seg(text)
>>> for term in terms:
    print(term.toString())
```

上述代码的输出结果：

```
北京/ns                          #地名简称 ns
清华大学/ntu
```

ntu 是专门用于标注大学、学院等高等教育机构的名词。

14.5 Gensim

Gensim 是一个开源的 Python 库，专门用于执行文本预处理、文档相似度计算、文本分类与聚类、主题建模等。下面通过一个示例演示文本的预处理操作，以及训练一个 LDA (Latent Dirichlet Allocation) 主题模型。

```
>>> import nltk
>>> from nltk.tokenize import word_tokenize
>>> from gensim import corpora, models
>>> from gensim.parsing.preprocessing import stem_text
>>> stopwords = nltk.corpus.stopwords.words("english")
>>> def preprocess(texts):          #文本预处理
    #分词,得到的运行结果形式为[[...], [...], ...]
    texts = [word_tokenize(text.lower()) for text in texts]
    #去除停用词,得到的运行结果形式为[[...], [...], ...]
    texts = [[word for word in words if word not in stopwords] for words in texts]
    #词干提取,得到的运行结果形式为[ "...", "...", ...]
    texts = [stem_text(" ".join(words)) for words in texts]
    return texts
    #给定的文本数据集
>>> texts = [
    "An example sentence about natural language processing.",
    "The second example demonstrates the use of Gensim for topic modeling.",
```

"Topic modeling is very useful for text analysis tasks."
]
```
>>> processed_texts = preprocess(texts)          #调用文本预处理函数
>>> processed_texts                              #处理后的结果
['exampl sentenc natur languag process .', 'second exampl demonstr us gensim topic model .', 'topic model us text analysi task .']
>>> processed_texts = [text.split() for text in processed_texts]
>>> processed_texts
[['exampl', 'sentenc', 'natur', 'languag', 'process', '.'], ['anoth', 'exampl', 'demonstr', 'us', 'gensim', 'topic', 'model', '.'], ['topic', 'model', 'us', 'text', 'analysi', 'task', '.']]
#创建字典
>>> dictionary = corpora.Dictionary(processed_texts)
>>> list(dictionary.items())
[(0, '.'), (1, 'exampl'), (2, 'languag'), (3, 'natur'), (4, 'process'), (5, 'sentenc'), (6, 'anoth'), (7, 'demonstr'), (8, 'gensim'), (9, 'model'), (10, 'topic'), (11, 'us'), (12, 'analysi'), (13, 'task'), (14, 'text')]
#将文本转换为词袋模型
>>> corpus = [dictionary.doc2bow(text) for text in processed_texts]
>>> corpus                                       #元素(6, 1)表示单词 anoth 出现 1 次
[[(0, 1), (1, 1), (2, 1), (3, 1), (4, 1), (5, 1)], [(0, 1), (1, 1), (6, 1), (7, 1), (8, 1), (9, 1), (10, 1), (11, 1)], [(0, 1), (9, 1), (10, 1), (11, 1), (12, 1), (13, 1), (14, 1)]]
>>>num_topics = 2                                #设置主题数量
>>> lda_model = models.LdaModel(corpus, num_topics=num_topics, id2word=dictionary, passes=10)
#打印主题
>>> for idx, topic in lda_model.show_topics(formatted=True, num_words=3):
        print(f"Topic {idx}: {topic}")
```

上述代码的输出结果：

```
Topic 0: 0.111 * "us" + 0.111 * "model" + 0.111 * "."
Topic 1: 0.112 * "exampl" + 0.111 * "." + 0.110 * "process"
#对新文档进行主题预测
>>> new_doc = "using the topic model to classify this new document."
>>> new_doc2 = dictionary.doc2bow(word_tokenize(new_doc.lower()))
>>> lda_model[new_doc2]
[(0, 0.8576678), (1, 0.14233215)]
```

由上述代码的执行结果可知，新文档属于 Topic 0 的概率为 85.8%。

上述示例展示了使用 Gensim 进行文本预处理（包括分词、去除停用词和词干提取），创建词典，将文本转换为词袋模型，训练 LDA 主题模型，并对新文档进行主题预测。注意，针对中文文本，预处理步骤中需要使用 Jieba 分词代替 NLTK 的分词功能，并且停用词列表也应相应地调整为中文停用词列表。

14.6　Jieba

Jieba 是一个流行的 Python 中文分词库,支持精确模式、全模式和搜索引擎模式 3 种分词方式,同时提供关键词提取、词性标注等功能,下面是一些基本的使用方法和示例。

```
>>> import jieba
>>> sentence = "我们都喜欢自然语言处理"
>>> words = jieba.lcut(sentence)          #精确模式,lcut 即 list cut
>>> words
['我们', '都', '喜欢', '自然语言', '处理']
>>> "/".join(words)
'我们/都/喜欢/自然语言/处理'
>>> words = jieba.cut(sentence)           #得到一个生成器,注意区别 cut() 与 lcut()
>>> list(words)                           #生成器(Generator)是惰性求值的
['我们', '都', '喜欢', '自然语言', '处理']
>>> words = jieba.cut(sentence)           #生成器是一次性的
>>> "/".join(words)
'我们/都/喜欢/自然语言/处理'                #得到相同的结果
#全模式,设置参数 cut_all=True,其默认值为 False
>>> words = jieba.lcut(sentence, cut_all=True)
>>> words                                 #得到所有可能的词语,有冗余
['我们', '都', '喜欢', '自然', '自然语言', '语言', '处理']
>>> words = jieba.cut(sentence, cut_all=True)
>>> list(words)
['我们', '都', '喜欢', '自然', '自然语言', '语言', '处理']
```

搜索引擎模式在精确模式的基础上,对长词进行再次切分,以提高召回率。

```
>>> jieba.lcut_for_search(sentence)
['我们', '都', '喜欢', '自然', '语言', '自然语言', '处理']
>>> words = jieba.cut_for_search(sentence)
>>> list(words)
['我们', '都', '喜欢', '自然', '语言', '自然语言', '处理']
```

Jieba 分词默认开启隐马尔可夫模型(HMM),用于新词识别。

```
>>> jieba.lcut(sentence, HMM=False)       #关闭 HMM 选项
['我们', '都', '喜欢', '自然语言', '处理']
>>> text = "冰墩墩是北京 2022 冬奥会吉祥物"
>>> jieba.lcut(text)
['冰墩', '墩', '是', '北京', '2022', '冬奥会', '吉祥物']
```

为了识别新词"冰墩墩",需要将其添加到自定义词典。词典文件的格式要求为每行仅包含一个词语。新建词典文件 userdict.txt,在其中输入"冰墩墩",然后使用 load_userdict() 函数加载该文件。

```
>>> jieba.load_userdict("userdict.txt")
```

```
>>> jieba.lcut(text)                    #现在"冰墩墩"能够被正确地分割了
['冰墩墩', '是', '北京', '2022', '冬奥会', '吉祥物']
```

另一种切分新词的方法是使用 suggest_freq() 函数动态地修改词频(Word Frequency)。

```
>>> jieba.suggest_freq("冰墩墩", tune=True)    #tune=False 时该词不能被划分出来①
1                                        #词频
>>> jieba.suggest_freq("冰墩墩", tune=True)
2                                        #每执行一次,词频增加1
>>> jieba.lcut(text)
['冰墩墩', '是', '北京', '2022', '冬奥会', '吉祥物']

>>> import jieba.posseg as pseg          #使用jieba.posseg模块进行词性标注
>>> sentence = "伟大的中国梦"
>>> words = pseg.cut(sentence)
>>> for word, flag in words:
        print(f"{word} => {flag}")
```

上述代码的输出结果:

```
伟大 => a            #形容词
的 => uj             #结构助词"的"
中国 => ns           #地名
梦 => n              #名词
```

文本经过 Jieba 分词后,可使用 collections.Counter 统计其中每个词出现的频率。

```
>>> from collections import Counter
>>> text = "爱我中华,强我中华"
>>> words = jieba.lcut(text)
>>> counter = Counter(words)
>>> for word, freq in counter.items():
        print(f"{freq} => {word}")
```

上述代码的输出结果:

```
1 =>爱
2 =>我
2 =>中华
1 =>,
1 =>强
```

下面演示使用 Jieba 库提取文本的关键词。首先基于 TF-IDF 算法,计算文档中各个词语的权重,然后使用 extract_tags() 函数提取关键词。extract_tags() 函数的基本语法格式如下。

```
extract_tags(sentence, topK, withWeight, allowPOS)
```

---

① 注意,这种方式起到的作用是暂时的。suggest_freq() 函数每执行一次,对应词的词频就增加1。

- sentence：文本文档；
- topK：返回权重最大的关键词个数，默认值为 20；
- withWeight：是否返回关键词的权重，默认值为 False；
- allowPOS：是否进行词性过滤，默认值为[ ]，即不过滤。

```
>>>from jieba import analyse
>>> text = "我来到北京清华大学"
>>> keywords = analyse.extract_tags(text, topK=5, withWeight=True, allowPOS=[])
>>> for keyword, weight in keywords:
    print(round(weight, 3), "=>", keyword)
```

上述代码的输出结果：

```
2.694 =>清华大学
1.795 =>来到
1.556 =>北京
```

14.7 小结

  自然语言处理库 NLTK 功能强大，能够执行分句、分词、词干提取、词形还原、词性标注、命名实体识别、文本分类等任务。SpaCy 是一个开源的 NLP 库，支持多种语言，其速度、效率和可扩展性在 NLP 领域享有盛誉。SpaCy 尤其适合工业级和大规模文本数据处理。SpaCy 为多种语言提供了预训练模型，如基于 Transformer 的大模型 en_core_web_trf、中文模型 zh_core_web_sm。TextBlob 构建在 NLTK 以及其他库之上，在某些高阶 NLP 任务上不如 NLTK 等库强大，但对于初学者而言，它是一个理想选择。

  HanLP 是北京大学研发的高性能中文处理工具包，支持多种 NLP 任务，如分词、词性标注、命名实体识别等。HanLP 的核心竞争力在于其采用的高效算法，以及针对大规模数据的优化能力。Gensim 是一个开源的库，专门用于执行文本预处理、文档相似度计算、文本分类与聚类、主题建模等。Jieba 是一个流行的 Python 中文分词库，支持精确模式、全模式和搜索引擎模式 3 种分词方式，同时提供关键词提取、词性标注等功能。

练 习 题

1. NLTK 进行分句、分词分别使用的函数是什么？
2. 什么叫作停用词？
3. 编写代码加载 NLTK 的停用词表，并输出停用词数量。
4. 什么叫作词干提取？它有何作用？
5. 在 NLTK 库中实现词袋模型与 TF-IDF 模型的类分别是什么？
6. 写出使用 pip 安装 spacy 库的命令。
7. spacy 库提供的、基于 Transformer 的预训练大模型是什么？
8. 编写代码实现加载 spacy 中文模型 zh_core_web_sm。

9. 使用TextBlob包计算文本"what a great idea!"的整体极性和主观性。
10. Jieba支持的3种分词模式是什么?
11. 使用Jieba支持的3种分词模式,将语句"我们都喜欢自然语言处理"进行分词。注意,每一种模式都要使用cut()和lcut()两种方法。
12. 使用两种方式,将"疫苗护盾"作为一个整体切分出来。
13. 什么叫作词性标注?它有什么意义?

附录 A　Jieba 分词中常用的词性标签、对应的英文单词（或概念）以及详细的说明

以下是 Jieba 分词中常用的词性标签、对应的英文单词（或概念）以及详细的说明。

1. n，Noun，名词，表示人、事物、地点等名称的词。
2. nr，Person Name，人名，特指人的姓名。
3. ns，Place Name，地名，特指地点的名称。
4. nt，Organization Name，机构团体名，特指组织、团体、企业等名称。
5. nz，Other Proper Noun，其他专名，除人名、地名、机构团体名外的专有名词。
6. v，Verb，动词，表示动作、行为或状态变化的词。
7. a，Adjective，形容词，用来描述或修饰名词，表示特征或性质。
8. ad，Adverbial，副形词，直接修饰动词或形容词，表示程度或方式。
9. d，Adverb，副词，修饰动词、形容词或其他副词，表示程度、频率等。
10. r，Pronoun，代词，代替名词，包括人称代词、指示代词等。
11. m，Numeral，数词，表示数量或顺序。
12. q，Quantifier，量词，与数词结合使用，为量化名词。
13. c，Conjunction，连词，连接词、短语或句子。
14. u，Modifier，助词，附在词或句子成分之后，辅助语法功能。
15. p，Preposition，介词，引导介宾短语，表示关系，如时间、地点。
16. f，Directional，方位词，表示方向或位置关系。
17. l，Interjection，独立语，不直接参与句子结构，如感叹词。
18. b，Punctuation，标点符号，文本中的标点符号。
19. e，Non-Lexical，非语素字，无法独立成词，但有特定含义的字符。
20. x，Unknown，未知词性，未确定词性的词语。
21. y，Modal Particle，语气词，表达说话者语气或情感。
22. i，Idiom，习用语，固定搭配的短语，如成语。
23. j，Abbreviation，缩略语，简化后的词或短语。
24. k，Suffix，后缀，放在词根之后，影响词的意义或词性。

25. h,Prefix,前缀,放在词根之前,影响词的意义或词性。
26. o,Onomatopoeia,拟声词,模仿声音的词。
27. s,Status,状态词,表示某种状态或性质。
28. t,Tense,时态词,表示时间状态或时态。
29. z,Status Adjective,状态形容词,特指状态的形容词。

附录 B 一些常用的 NLTK 词性标签及其含义

以下是一些常用的 NLTK 词性标签及其含义。

1. CC,Coordinating conjunction(并列连词) 如 and，or，but。
2. CD,Cardinal number(基数词) 如 two，four，1991。
3. DT,Determiner(限定词) 如 the，a，this，those。
4. EX,Existential there(存在句的 there) 如 there。
5. FW,Foreign word(外来词) 如 adieu，sushi。
6. IN,Preposition or subordinating conjunction(介词或从属连词) 如 in，of。
7. JJ,Adjective(形容词) 如 big，red。
8. JJR,Adjective, comparative(形容词,比较级) 如 bigger。
9. JJS,Adjective, superlative(形容词,最高级) 如 biggest。
10. LS,List item marker(列表项标记) 如 a)，1.。
11. MD,Modal(情态动词) 如 can，should。
12. NN,Noun, singular or mass(名词,单数或不可数) 如 cat，tree，water。
13. NNS,Noun, plural(名词,复数) 如 cats，trees。
14. NNP,Proper noun, singular(专有名词,单数) 如 John，Beijing。
15. NNPS,Proper noun, plural(专有名词,复数) 如 Smiths。
16. PRP,Personal pronoun(人称代词) 如 I，you，he。
17. PRP$,Possessive pronoun(所有格代词) 如 my，your，his。
18. PDT,Predeterminer(前置限定词) 如 all，both。
19. POS,Possessive ending(所有格结尾) 如's。
20. RB,Adverb(副词) 如 quickly，now，here。
21. RBR,Adverb, comparative(比较级副词) 如 faster，better。
22. RBS,Adverb, superlative(最高级副词) 如 fastest，best。
23. RP,Particle(小品词) 如 up，off，out(在"take off"中)。
24. SYM,Symbol(符号) 如%，§。
25. TO,to(用于不定式标志) 如 to(在"to run"中)。

26. UH,Interjection(感叹词)　如 oh, oops。

27. VB,Verb, base form(动词,基本形式)　如 run, think。

28. VBD,Verb, past tense(动词,过去时态)　如 ran, thought。

29. VBG,Verb, gerund or present participle(动词,动名词/现在分词)　如 running。

30. VBN,Verb, past participle(动词,过去分词)　如 run, thought。

31. VBP,Verb, non-3rd person singular present(动词,非第三人称单数现在时)　如 run。

32. VBZ,Verb, 3rd person singular present(动词,第三人称单数现在时)　如 runs。

33. WRB,Wh-adverb(疑问副词)　如 where, when, why。

34. WP,Wh-pronoun(疑问代词)　如 who, what。

35. WP$,Possessive wh-pronoun(所有格疑问代词)　如 whose。

36. WDT,Wh-determiner(疑问限定词)　如 which, what。

参 考 文 献

[1] 张传雷，李建荣，王辉. Python 程序设计教程[M]. 2 版. 北京：清华大学出版社，2023.
[2] 周元哲. Python 自然语言处理[M]. 北京：清华大学出版社，2021.
[3] 曼宁，等. 统计自然语言处理基础[M]. 北京：电子工业出版社，2005.